大别山地区重要畜禽遗传资源

马 云 主编

科学出版社

北 京

内 容 简 介

我国畜禽遗传资源丰富，是畜禽品种大国。许多固有地方品种中蕴藏着丰富、优良的基因资源，其中生长发育、繁殖性能、肉品质等最受国际关注，具有特色和国际竞争力的经济性状也是我国畜牧业持续发展的坚实基础和巨大的潜在优势。本书对大别山地区的南阳牛、枣北黄牛、信阳水牛、大别山牛、江淮水牛、固始鸡、麻城绿壳蛋鸡、麻城黑山羊、淮南猪等十余种重要畜禽资源的一般情况，品种来源及数量，体形外貌，体尺、体重，生产与繁殖性能，饲养管理做了较为系统的调研和描述，综述了科研进展，并对上述畜禽资源的开发和利用进行了评价与展望，为大别山老区特色畜禽资源保护、合理利用和新品种培育提供了较为可靠的信息，为宏观决策提供了科学依据。本书具有知识性、实用性特点。

本书可供政府相关管理部门、高等学校和科研院所从事政策和科学研究的人员参考使用。

图书在版编目（CIP）数据

大别山地区重要畜禽遗传资源 / 马云主编. —北京：科学出版社，2018.9
　ISBN 978-7-03-058748-0

　Ⅰ.①大… Ⅱ.①马… Ⅲ.①大别山－畜禽－种质资源－概况
Ⅳ.① S813.9

　中国版本图书馆 CIP 数据核字（2018）第206930号

责任编辑：张静秋　韩书云 / 责任校对：严　娜
责任印制：吴兆东 / 封面设计：蓝正设计

科 学 出 版 社 出版
北京东黄城根北街16号
邮政编码：100717
http://www.sciencep.com

北京虎彩文化传播有限公司 印刷
科学出版社发行　各地新华书店经销

*

2018 年 9 月第 一 版　开本：720×1000 B5
2018 年 9 月第一次印刷　印张：13 1/2
字数：280 000

定价：58.00 元
（如有印装质量问题，我社负责调换）

《大别山地区重要畜禽遗传资源》编委会

序　一

　　我国畜禽遗传资源丰富，是畜禽品种大国。许多固有地方品种中蕴藏着丰富、优良的基因资源，其中繁殖性能、肉品质等最受国际关注，具有特色和国际竞争力的经济性状也是我国畜牧业持续发展的坚实基础和巨大的潜在优势。目前，国际上在生物领域竞争的关键点之一就是重要经济性状基因的挖掘、分离、克隆，以及获得知识产权。因此，我们应强化种质创新，而种质创新又严重依赖于种质基因库资源的构成和目标性状的遗传特性。地方畜禽种质资源是生物多样性的重要组成部分，也是农业动物品种改良的重要战略资源。畜禽遗传资源的评估、保护和利用是满足畜禽品种由高产型向高产、优质、专用、资源高效型和环境友好型转变的重要保障条件。我国拥有大量的优异畜禽种质资源，但资源利用率低，相应的基础研究较少。开展畜禽种质资源的收集和系统分类、畜禽种质资源优异性状的遗传评价，充分挖掘和利用我国特色动物种质资源，有助于将我国丰富的遗传资源转化为科技优势和竞争优势，最终变成产业优势。

　　地方畜禽品种资源库的建立与评价，地方畜禽种质基因组与特色基因素材的挖掘，地方畜禽遗传多样性与生物地理学，地方畜禽基因组演变规律、驯化与逆境适应性选择机制，畜禽保种新理论、新技术与保种效率评价的基础问题，都是极为重要的。

　　大别山区域位于中国南北过渡带，横跨鄂豫皖三省。大别山革命老区经济欠发达，畜禽品种资源虽然丰富，但是开发利用程度很低。制约这些畜禽资源开发利用的最主要因素是缺乏对资源的认识，对品种的来源、产地、分布、数量，尤其是品种的特性不能很好地把握，因此不能科学合理地制订选育改良与产业化开发方案。在这种背景下，信阳师范学院大别山农业生物资源保护与利用研究院大别山特色动物资源研究所的教学科研人员，历时近两年，围绕大别山革命老区规划涉及的主要区域及大别山毗邻地区开展了系统全面的资源调查，在特色畜禽资源中心产区畜牧部门的支持和配合下，对南阳牛、枣北黄牛、信阳水牛、大别山牛、郏县红牛、泌阳驴、固始鸡、淮南麻鸭、麻城绿壳蛋鸡、皖西白鹅、麻城黑山羊、槐山羊、淮南猪、确山黑猪、南阳黑猪等畜禽资源的历史、现状、种质特性做了较为系统的调研，基本查清了大别山地区畜禽品种种质资源的基本状况，编写了《大别山地区重要畜禽遗传资源》一书。该书的出版，对于保护和开发利用大别山地区的特有优势畜种、进一步将大别山地区的优质畜产品推向市场、打造绿色品牌、增加农民收入、促进地方畜牧业经济健康可持续发展和大别山革命老区经济振兴具有重要的现实意义和历史意义。

中国农业科学院研究员

国家畜禽遗传资源委员会委员

2017 年 12 月

序　二

2015年6月，国务院批复了《大别山革命老区振兴发展规划》，提出把大别山革命老区建设成为全国重要的粮食和特色农产品生产加工基地、长江和淮河中下游地区重要的生态安全屏障，使老区人民早日过上富裕幸福的生活。

2016年4月，河南省人民政府印发了《河南省大别山革命老区振兴发展规划实施方案》（以下简称《方案》），《方案》提出的第一个主要任务是加快发展现代农业：着力发展特色农业、培育大别山农产品知名品牌；加快建设南阳（唐河）牛、泌阳夏南牛、豫南黑猪、淮南麻鸭、固始鸡等畜产品基地。

大别山区域位于中国南北过渡带，横跨鄂豫皖三省，具有丰富的生物多样性和充裕的农业畜禽资源，合理保护和利用这些丰富的畜禽遗传资源、开发富有老区特色的畜禽产品，对于满足老区人民日益增长的物质需求，促进大别山老区经济的快速发展具有重要而深远的意义。

畜禽遗传资源调查，是畜禽资源保护和开发利用的一项非常重要的基础性工作。在20世纪80年代前后，全国各地广泛开展了畜禽品种资源调查，取得了一定成效，国家和各省（自治区）都陆续出版了畜禽品种志，明确了畜禽资源品种的数量、质量、分布及利用情况。但是由于大别山地区横跨鄂豫皖三省，过去涉及的品种资源调查往往都是三个省独立开展工作，而且由于老区经济相对落后、交通不便，各省畜牧管理部门对大别山地区畜禽资源的专项调查工作存在欠缺，大别山革命老区畜禽品种的现状及资源特性虽有不同描述，但在调查的全面性、系统性和精准性上还不够。

在上述背景下，信阳师范学院成立了大别山农业生物资源保护与利用研究院，以马云教授为主的大别山特色动物资源研究所的教学科研人员联合信阳农林学院、湖北省农业科学院畜牧兽医研究所、安徽农业大学及河南农业大学的一部分教学科研人员，围绕大别山革命老区规划涉及的河南、湖北及安徽三省的信阳、驻马店、南阳、随州、黄冈、六安、安庆等地及大别山毗邻地区开展了系统性资源调查，在相关畜牧部门的支持和配合下，历时近两年，采用"全面了解、合理布点、典型调查、综合估测"的调查原则，对南阳牛、枣北黄牛、信阳水牛、大别山牛、江淮水牛、郏县红牛、泌阳驴、固始鸡、淮南麻鸭、麻城绿壳蛋鸡、正阳三黄鸡、皖西白鹅、麻城黑山羊、槐山羊、淮南猪、确山黑猪、南阳黑猪、安庆六白猪等 18 个畜禽资源的历史、现状、种质特性做了较为系统的调研，既摸清了大别山地区畜禽品种种质资源的数量和分布基本状况，又对畜禽资源的生产性能进行了分析或测定，对畜禽资源研究现状进行了归纳总结，并在此基础上对每个品种资源的保护与开发利用提出了研究性意见，最终编写了《大别山地区重要畜禽遗传资源》一书。该书为老区特色畜禽资源的保护、合理利用和新品种培育提供了较为可靠的信息，为大别山地区畜禽生产和产业发展宏观决策提供了科学依据。

河南省畜牧局 杨文明

2018 年 5 月

前　言

　　畜禽遗传资源是生物多样性的重要组成部分，是维护国家生态安全、农业安全的重要战略资源，是畜牧业可持续发展的物质基础。我国是世界上畜禽品种最丰富的国家。根据品种资源调查及 2001 年国家畜禽品种审定委员会审核，我国畜禽等家养动物共计 576 个品种，其中地方品种（类群）426 个（占 73.96%）、培育品种 73 个（占 12.67%）、引进品种 77 个（占 13.37%）。这些品种资源特别是地方品种特性各异，如珍稀、矮小、高繁殖力、药用、竞技、生产特异性产品及适应特定生态条件等，是几千年来多样化的自然生态环境选择的结果，也是劳动人民长期选育的成果，许多地方优良畜禽品种具有适应性强、耐粗饲、繁殖率高和产品优质的特点。近年来，受多种因素的影响，某些地方品种逐渐被杂交种取代，具有丰富遗传基因的地方品种由于不断被改良，数量急剧减少甚至消亡，这种趋势随着畜禽集约程度的提高正在进一步加剧。根据联合国粮食及农业组织（FAO）的《全球家畜品种名录》（*World Watch List for Domestic Animal Diversity*），在过去的 100 年中世界上已有近 1000 个品种灭绝。直至目前，畜禽品种仍以每两周减少 3 个的速度在消失，种类繁多的基因因此而迅速减少，人类面临着畜禽遗传资源枯竭的危险。因此，畜禽遗传资源的保护与合理开发利用是人类面临的重要课题。

　　我国历来非常重视畜禽遗传资源的保护和合理开发利用，先后多次组织专家对我国的畜禽遗传资源开展调查研究。2016 年，农业部发布《农业部办公厅关于印发〈全国畜禽遗传资源保护和利用"十三五"规划〉的通知》，该通知强调：到 2020 年，国家级保护品种有效保护率达到 95% 以上，提高 5 个百分点；省级保护品种有效保护率达到 80% 以上，提高 10 个百分点，确保重要资源不丢失、种质特性不改变、经济性状不降低。畜禽资源保护和利用的重要性提升到了新的高度。

　　大别山区域位于中国南北气候暖温带和亚热带过渡带，横跨河南、湖北和安徽三省，涵盖安徽省六安市、安庆市，河南省信阳市、驻马店市，湖北省黄冈市、随州市 6 个市，以及河南省南阳市，湖北省孝感市、襄阳市、武汉市的共 11 个县（市、区），面积为 10.86 万 km²，常住人口近 5000 万，区域内有全国知名的南阳牛、大别山牛、固始鸡等畜禽资源。

　　畜禽遗传资源调查是畜禽资源保护和开发的前提。20 世纪 80 年代和 21 世纪初（2004～2008 年）农业部组织开展的全国范围内的两次畜禽资源普查，对于明确我国畜禽资源品种的质量、数量、分布及利用情况发挥了非常重要的作用。目前针对大别山地区畜禽资源的专项调研工作仍有所欠缺，大别山革命老区经济欠发达，畜禽品种资源虽然丰富，但是开发利用程度很低。在这种背景下，信阳师范学院大别山农业生物资源保护与利用研究院大别山特色动物资源研究所的教学科研人员联合大别山区域分别位于河南、湖北和安徽的多所高校、科研机构的教学科研人员，历时近两年，对南阳牛、枣北黄牛、信阳水牛、大别山牛、江淮水牛、郏县红牛、泌阳驴、固始鸡、淮南麻鸭、麻城绿壳蛋鸡、正阳三黄鸡、皖西白鹅、麻城黑山羊、槐山羊、淮南猪、确山黑猪、南阳黑猪、安庆六白猪等畜禽资源的历史、现状、种质特性做了较为系统的调研，基本查清了大别山地区畜禽品种种质资源的基本状况，为老区特色畜禽资源的保护、合理利用和新品种培育提供了较为可靠的信息，为宏观决策提供了科学依据。在此基础上，信阳师范学院联合安徽农业大学、河南农业大学、信阳农林学院、湖北省农业科学院畜牧兽医研究所等多个科研院校（所）的科教人员组织编写了本书。其中，南阳牛、信阳水牛、大别山牛、枣北黄牛、江淮水牛、郏县红牛等大别山地区特色牛种遗传资源相关内容由马云、刘洪瑜、郝瑞杰、黄洁萍、张明明和李芬等共同编写；固始鸡、淮南麻鸭、皖西白鹅、麻城绿壳蛋鸡、正阳三黄鸡等特色家禽遗传资源相关内容由吴海港、韩瑞丽、赵存真、林琳和马云等共同编写；麻城黑山羊和槐山羊等特色羊种资源相关内容由马云和赵存真共同编写；淮南猪、确山黑猪、南阳黑猪及安庆六白猪等大别山地区特色猪种遗传资源相关内容由徐永杰、张朋朋和刘洪瑜等共同编写；泌阳驴遗传资源相关内容由吴海港和林琳共同编写。本书按照加强保护、坚持可持续利用的原则，遵循生态、经济、社会发展规律，为保护和开发利用大别山地区特有优势畜种、促进地方畜牧业经济健康可持续发展提供了理论依据，对促进大别山地区农业生物资源的有效保护与可持续利用，以及大别山革命老区的经济振兴等具有重要的科研价值和历史意义。

本书在编写过程中，注意了理论上的科学性和实践上的可操作性的统一，以便同行参考，同时也参考了许多同行的研究成果。本书的编写和出版，得到河南省"大别山农业生物资源保护与利用"特色学科群建设工程经费资助，在此表示衷心感谢。

限于编者水平，书中不完善之处在所难免，诚请读者提出宝贵意见。

编　者
2017 年 12 月于信阳

目　　录

序一

序二

前言

第一章　南阳牛 ……………………… 1

一、一般情况 …………………………… 1

　　1. 品种概况 …………………………… 1

　　2. 中心产区和分布 …………………… 1

　　3. 产区的自然生态条件 …………… 2

二、品种来源及数量 ………………… 3

　　1. 品种来源及历史 ………………… 3

　　2. 群体数量 …………………………… 3

三、体形外貌 …………………………… 4

　　1. 被毛及皮肤颜色 ………………… 4

　　2. 头部特征 …………………………… 4

　　3. 体形外貌特征 …………………… 4

四、体尺、体重 ……………………… 5

　　1. 体尺测量 …………………………… 5

　　2. 体重测定 …………………………… 5

　　3. 南阳牛不同生长阶段的
　　　 体重及体尺信息 ………………… 6

五、生产与繁殖性能 ………………… 6

　　1. 产肉性能 …………………………… 6

　　2. 产乳性能 …………………………… 6

　　3. 皮用性能 …………………………… 7

　　4. 繁殖性能 …………………………… 7

　　5. 种质适应性 ……………………… 7

六、饲养管理 …………………………… 8

　　1. 南阳牛牛舍建设的要点 … 8

　　2. 饲养管理要点 …………………… 8

七、科研进展 …………………………… 9

　　1. 南阳牛的遗传改良工作
　　　 进程 …………………………………… 9

　　2. 保种场建设 ……………………… 10

八、评价与展望 ……………………… 12

　　1. 品种评估 ………………………… 12

　　2. 存在的问题 ……………………… 12

　　3. 保种及育种措施 ……………… 13

　　4. 展望 ………………………………… 14

参考文献 …………………………………… 16

第二章　信阳水牛 ……………… 19

一、一般情况 ………………………… 19

　　1. 品种名称 ………………………… 19

　　2. 中心产区和分布 ……………… 19

　　3. 产区的自然生态条件 ……… 20

二、品种来源及数量 ……………… 20

　　1. 品种来源 ………………………… 20

　　2. 调查概况 ………………………… 21

　　3. 群体数量规模和基本
　　　 结构 ………………………………… 21

三、体形外貌 ………………………… 22

四、体尺、体重 …………………… 23

　　1. 体尺指标和体重 ……………… 23

　　2. 体尺指数和体躯结构 ……… 24

五、生产与繁殖性能 ……………… 24

　　1. 肉用性能 ………………………… 24

　　2. 乳用性能 ………………………… 25

3. 役用性能 ·············· 25
4. 繁殖性能 ·············· 25
六、饲养管理 ················ 25
七、科研进展 ················ 27
八、评价与展望 ·············· 28
1. 存在的问题 ·········· 28
2. 对策 ················ 29
参考文献 ···················· 31

第三章 大别山牛 ·············· 32
一、一般情况 ················ 32
1. 品种名称 ············ 32
2. 中心产区和分布 ······ 32
3. 产区的自然生态条件 ·· 33
二、品种来源及数量 ·········· 34
1. 品种来源 ············ 34
2. 调查概况 ············ 34
3. 群体（纯种）数量及近
15～20 年的消长形势 ·· 34
4. 濒危程度 ············ 35
三、体形外貌 ················ 35
1. 毛色、肤色、蹄角色与
分布 ················ 35
2. 整体结构与分布 ······ 35
3. 头部特征与类型分布 ·· 36
4. 前躯特征与分布 ······ 36
5. 中后躯特征及分布 ···· 36
四、体尺、体重 ·············· 36
1. 成年公牛、母牛的体尺
及体重 ·············· 36
2. 体态结构 ············ 37
五、生产与繁殖性能 ·········· 37
1. 产肉性能 ············ 37
2. 役用性能 ············ 37
3. 繁殖性能 ············ 38
六、饲养管理 ················ 38

1. 饲养方式 ············ 38
2. 舍饲与补饲情况 ······ 38
3. 管理难易 ············ 38
七、科研进展 ················ 39
1. 研究工作 ············ 39
2. 保种场建设与品种登记
制度 ················ 39
八、评价与展望 ·············· 39
参考文献 ···················· 39

第四章 枣北黄牛 ·············· 42
一、一般情况 ················ 42
1. 品种名称 ············ 42
2. 中心产区和分布 ······ 42
3. 产区的自然生态条件 ·· 43
二、品种来源及数量 ·········· 43
1. 品种来源 ············ 43
2. 调查概况 ············ 43
3. 群体（纯种）数量及近
15～20 年的消长形势 ·· 44
三、体形外貌 ················ 44
四、体尺、体重 ·············· 45
五、生产与繁殖性能 ·········· 46
1. 产肉性能 ············ 46
2. 产乳性能 ············ 46
3. 繁殖性能 ············ 46
4. 役用性能 ············ 46
5. 其他性能 ············ 46
6. 适应性 ·············· 47
六、饲养管理 ················ 47
七、科研进展 ················ 47
1. 研究工作 ············ 47
2. 保种场建设 ·········· 48
八、评价与展望 ·············· 48
1. 品种评估 ············ 48
2. 存在的问题 ·········· 48

3. 保种措施 ……………… 48

4. 销售渠道 ……………… 48

参考文献 ………………… 49

第五章　江淮水牛 ………… 50

一、一般情况 ………………… 50

1. 品种名称 ……………… 50

2. 中心产区和分布 ……… 50

3. 产区的自然生态条件 …… 51

二、品种来源及数量 ………… 51

1. 品种来源 ……………… 51

2. 调查概况 ……………… 52

3. 群体（纯种）数量及近

15～20年的消长形势 …… 52

三、体形外貌 ………………… 52

1. 毛色、肤色、蹄角色与

分布 ………………… 52

2. 被毛形态与分布 ……… 52

3. 整体结构与分布 ……… 53

4. 头部特征与类型分布 … 53

5. 前躯特征与分布 ……… 53

6. 中后躯特征及分布 …… 53

四、体尺、体重 ……………… 53

1. 成年公牛、母牛的体尺

及体重 ……………… 53

2. 体态结构 ……………… 54

五、生产与繁殖性能 ………… 54

1. 产肉性能 ……………… 54

2. 乳用性能 ……………… 55

3. 役用性能 ……………… 55

4. 繁殖性能 ……………… 55

六、饲养管理 ………………… 56

1. 饲养方式 ……………… 56

2. 舍饲与补饲情况 ……… 56

3. 管理难易 ……………… 56

七、科研进展 ………………… 56

1. 研究工作 ……………… 56

2. 保种场建设与品种登记

制度 ………………… 56

八、评价与展望 ……………… 57

参考文献 ………………… 57

第六章　郏县红牛 ………… 58

一、一般情况 ………………… 58

1. 品种名称 ……………… 58

2. 经济类型 ……………… 58

3. 中心产区和分布 ……… 59

4. 产区的自然生态条件 … 59

二、品种来源及数量 ………… 60

1. 品种来源 ……………… 60

2. 品种数量规模和基本

结构 ………………… 60

3. 近30年的消长形势 …… 60

三、体形外貌 ………………… 61

四、体尺、体重 ……………… 62

五、生产与繁殖性能 ………… 62

1. 产肉性能 ……………… 62

2. 乳用性能 ……………… 63

3. 役用性能 ……………… 63

4. 繁殖性能 ……………… 64

六、饲养管理 ………………… 65

七、科研进展 ………………… 65

1. 分子遗传测定 ………… 65

2. 保种区与保种场建设 … 66

3. 保种选育方案 ………… 66

4. 郏县红牛的良种登记

情况 ………………… 66

八、评价与展望 ……………… 67

参考文献 ………………… 67

第七章　麻城黑山羊 ……… 70

一、一般情况 ………………… 70

1. 品种名称 ……………… 70

2. 中心产区及主要分布……70
3. 产区的自然生态条件
   及对品种形成的影响……70
4. 品种生物学特性……71
5. 产品销售情况……72

二、品种来源及数量……72
1. 品种来源……72
2. 群体数量与规模……72
3. 近15~20年的消长形势……73

三、体形外貌……73
1. 被毛颜色、长短及肤色……73
2. 外貌特征……74

四、体尺、体重……75

五、生产与繁殖性能……75
1. 产肉性能……75
2. 肌肉主要化学成分（包括
   热能、肌纤维）测定……76
3. 产乳性能……76
4. 繁殖性能……76

六、饲养管理……77
1. 饲养方式……77
2. 舍饲期补饲情况……77

七、科研进展……77
1. 遗传特征研究……77
2. 保种和利用计划……78
3. 建立品种登记制度……78

八、评价与展望……78
参考文献……78

第八章　槐山羊……81
一、一般情况……81
1. 品种名称……81
2. 中心产区和分布……81
3. 产区的自然生态条件……82

二、品种来源及数量……82
1. 品种来源……82

2. 调查概况……83
3. 群体数量……83

三、体形外貌……83

四、体尺、体重……83

五、生产与繁殖性能……84
1. 产肉性能……84
2. 皮用性能……84
3. 毛用性能……85
4. 繁殖性能……85
5. 适应性和抗病力……85

六、饲养管理……86
1. 日常饲养原则……86
2. 日常饲喂流程……86
3. 羔羊的管理（培育）……86
4. 育成羊的舍饲……86
5. 母羊的饲养管理……86
6. 种公羊的饲养管理……87

七、科研进展……87
1. 研究工作……87
2. 保种场建设……87
3. 选种选育及保种方案……88
4. 配种制度……88
5. 保种繁育体系……89
6. 个体种羊等量留种保种……89

八、评价与展望……89
1. 品种评估……89
2. 存在的问题……89
3. 对策与措施……90
4. 展望……90

参考文献……90

第九章　淮南猪……94
一、一般情况……94
1. 品种来源及分布……94
2. 产区的自然生态条件……94

二、品种来源及数量……95

三、体形外貌 ┈┈┈┈┈ 95
四、体尺、体重 ┈┈┈┈┈ 96
五、生产与繁殖性能 ┈┈┈ 96
　　1. 育肥性能 ┈┈┈┈┈ 96
　　2. 繁殖性能 ┈┈┈┈┈ 97
六、饲养管理 ┈┈┈┈┈┈ 98
七、科研进展 ┈┈┈┈┈┈ 98
　　1. 淮南猪纯种选育 ┈┈ 98
　　2. 淮南猪遗传参数的估计 ┈ 99
八、评价与展望 ┈┈┈┈┈ 99
参考文献 ┈┈┈┈┈┈┈┈ 100

第十章　确山黑猪 ┈┈┈┈ 102
一、一般情况 ┈┈┈┈┈┈ 102
　　1. 品种名称 ┈┈┈┈┈ 102
　　2. 中心产区和分布 ┈┈ 102
　　3. 产区的自然生态条件 ┈ 102
二、品种来源及数量 ┈┈┈ 103
　　1. 品种形成 ┈┈┈┈┈ 103
　　2. 群体变化及现状 ┈┈ 103
三、体形外貌 ┈┈┈┈┈┈ 104
四、体尺、体重 ┈┈┈┈┈ 105
五、生产与繁殖性能 ┈┈┈ 105
　　1. 繁殖性能 ┈┈┈┈┈ 105
　　2. 育肥性能 ┈┈┈┈┈ 105
　　3. 屠宰性能 ┈┈┈┈┈ 106
　　4. 肉质性能 ┈┈┈┈┈ 106
六、饲养管理 ┈┈┈┈┈┈ 106
七、科研进展 ┈┈┈┈┈┈ 106
　　1. 确山黑猪的调查研究 ┈ 106
　　2. 确山黑猪目前存在的
　　　主要问题 ┈┈┈┈┈ 107
八、评价与展望 ┈┈┈┈┈ 107
参考文献 ┈┈┈┈┈┈┈┈ 108

第十一章　南阳黑猪 ┈┈┈ 109
一、一般情况 ┈┈┈┈┈┈ 109

　　1. 品种来源及分布 ┈┈ 109
　　2. 产区的自然生态条件 ┈ 110
二、品种来源及数量 ┈┈┈ 110
三、体形外貌 ┈┈┈┈┈┈ 110
四、体尺、体重 ┈┈┈┈┈ 110
五、生产与繁殖性能 ┈┈┈ 111
　　1. 育肥性能 ┈┈┈┈┈ 111
　　2. 屠宰性能 ┈┈┈┈┈ 111
　　3. 繁殖性能 ┈┈┈┈┈ 112
六、饲养管理 ┈┈┈┈┈┈ 112
七、科研进展 ┈┈┈┈┈┈ 112
　　1. 品种保护 ┈┈┈┈┈ 112
　　2. 南阳黑猪的研究调查 ┈ 113
八、评价与展望 ┈┈┈┈┈ 113
参考文献 ┈┈┈┈┈┈┈┈ 114

第十二章　安庆六白猪 ┈┈ 115
一、一般情况 ┈┈┈┈┈┈ 115
　　1. 品种名称 ┈┈┈┈┈ 115
　　2. 中心产区和分布 ┈┈ 115
　　3. 产区的自然生态条件 ┈ 115
二、品种来源及数量 ┈┈┈ 116
　　1. 品种来源 ┈┈┈┈┈ 116
　　2. 调查概况 ┈┈┈┈┈ 116
　　3. 群体数量及近15～20年
　　　的消长形势 ┈┈┈┈ 117
三、体形外貌 ┈┈┈┈┈┈ 117
　　1. 一般特征 ┈┈┈┈┈ 117
　　2. 被毛形态与类型 ┈┈ 117
　　3. 头部特征与类型分布 ┈ 118
四、体尺、体重 ┈┈┈┈┈ 118
五、生产与繁殖性能 ┈┈┈ 119
　　1. 育肥性能 ┈┈┈┈┈ 119
　　2. 繁殖性能 ┈┈┈┈┈ 119
六、饲养管理 ┈┈┈┈┈┈ 119
七、科研进展 ┈┈┈┈┈┈ 121

1. 研究工作 ················ 121
2. 保种场建设和品种登记··· 121

八、评价与展望 ············· 121

参考文献 ················ 122

第十三章　泌阳驴 ········· 125

一、一般情况 ·············· 125
1. 品种名称 ············· 125
2. 中心产区和分布 ······· 126
3. 产区的自然生态
条件 ················ 126

二、品种来源及数量 ········ 126
1. 品种来源 ············· 126
2. 调查概况 ············· 127
3. 群体数量 ············· 127

三、体形外貌 ·············· 127
1. 毛色等重要遗传特征··· 127
2. 外貌特征 ············· 127

四、体尺、体重 ············ 128

五、生产与繁殖性能 ········ 129
1. 生产性能 ············· 129
2. 繁殖性能 ············· 131

六、饲养管理 ·············· 131

七、科研进展 ·············· 131

八、评价与展望 ············· 132
1. 品种评估 ············· 132
2. 存在的问题 ··········· 132
3. 对策与建议 ··········· 132
4. 展望 ················· 133

参考文献 ················ 133

第十四章　固始鸡 ········· 135

一、一般情况 ·············· 135
1. 品种名称 ············· 135
2. 中心产区和分布 ······· 135
3. 产区的自然生态条件···· 135

二、品种来源及数量 ········ 136

1. 品种来源 ············· 136
2. 调查概况 ············· 136
3. 群体数量 ············· 137
4. 品种现状 ············· 137

三、体形外貌 ·············· 137

四、体尺、体重 ············ 138

五、生产与繁殖性能 ········ 138
1. 肉用性能 ············· 138
2. 蛋品质量 ············· 139
3. 繁殖性能 ············· 139

六、饲养管理 ·············· 139
1. 野外散养 ············· 139
2. 农户饲养 ············· 140
3. 集约化饲养 ··········· 140

七、科研进展 ·············· 140
1. 研究工作 ············· 140
2. 保种场建设与发展 ····· 140
3. 保种措施 ············· 141

八、评价与展望 ············· 141
1. 品种评估 ············· 141
2. 展望 ················· 142

参考文献 ················ 142

第十五章　淮南麻鸭 ······· 145

一、一般情况 ·············· 145
1. 品种名称 ············· 145
2. 中心产区和分布 ······· 145
3. 产区的自然生态条件··· 145

二、品种来源及数量 ········ 146
1. 品种来源 ············· 146
2. 调查概况 ············· 146
3. 群体数量 ············· 146

三、体形外貌 ·············· 147

四、体尺、体重 ············ 147

五、生产与繁殖性能 ········ 148
1. 肉用性能 ············· 148

2. 蛋品质量 ················ 149

3. 繁殖性能 ················ 150

六、饲养管理 ················ 150

　　1. 小鸭的饲养管理 ········ 150

　　2. 中鸭和成鸭的饲养 ····· 150

　　3. 肉鸭的饲养管理 ········ 151

七、科研进展 ················ 151

　　1. 研究工作 ·············· 151

　　2. 保种场建设 ············ 151

　　3. 保种措施 ·············· 151

八、评价与展望 ·············· 152

　　1. 品种评估 ·············· 152

　　2. 展望 ·················· 152

参考文献 ···················· 153

第十六章　麻城绿壳蛋鸡 ···· 155

一、一般情况 ················ 155

　　1. 品种名称 ·············· 155

　　2. 中心产区和分布 ········ 155

　　3. 产区的自然生态条件 ··· 156

二、品种来源及数量 ·········· 157

　　1. 品种来源 ·············· 157

　　2. 调查概况 ·············· 158

　　3. 群体数量 ·············· 158

三、体形外貌 ················ 159

　　1. 成年禽和雏禽的羽色及

　　　羽毛的重要遗传特征 ··· 159

　　2. 肉色、胫色、喙色及

　　　肤色 ················· 159

　　3. 外貌描述 ·············· 159

四、体尺、体重 ·············· 160

五、生产与繁殖性能 ·········· 161

　　1. 生产性能 ·············· 161

　　2. 屠宰性能 ·············· 162

　　3. 繁殖性能 ·············· 163

六、饲养管理 ················ 165

1. 农户饲养 ················ 165

2. 规模场饲养 ·············· 166

3. 种鸡场的饲养管理 ······· 166

4. 适时免疫 ················ 166

七、科研进展 ················ 166

　　1. 保种场建设 ············ 166

　　2. 自然保护区建设 ········ 167

　　3. 麻城绿壳蛋鸡的保种

　　　方法 ················· 167

　　4. 保种场建设与品种登记

　　　制度 ················· 167

　　5. 研究工作 ·············· 167

八、评价与展望 ·············· 168

　　1. 品种评估 ·············· 168

　　2. 存在的问题 ············ 168

　　3. 对策与建议 ············ 169

　　4. 展望 ·················· 169

参考文献 ···················· 169

第十七章　正阳三黄鸡 ······ 171

一、一般情况 ················ 171

　　1. 品种名称 ·············· 171

　　2. 中心产区和分布 ········ 172

　　3. 产区的自然生态条件 ··· 172

二、品种来源及数量 ·········· 172

　　1. 品种来源 ·············· 172

　　2. 调查概况 ·············· 173

　　3. 群体数量 ·············· 173

三、体形外貌 ················ 173

　　1. 成年禽和雏禽的羽色及

　　　羽毛的重要遗传特征 ··· 173

　　2. 外貌描述 ·············· 174

四、体尺、体重 ·············· 175

五、生产与繁殖性能 ·········· 175

　　1. 生产性能 ·············· 175

　　2. 繁殖性能 ·············· 176

六、饲养管理·······178
　　1. 育雏期·······178
　　2. 育成期·······179
　　3. 成鸡饲养·······179
七、科研进展·······179
　　1. 保种场建设·······179
　　2. 自然保护区建设·······180
　　3. 正阳三黄鸡的保种方法···180
八、评价与展望·······180
　　1. 品种评估·······180
　　2. 存在的问题·······180
　　3. 对策与建议·······180
　　4. 展望·······181
参考文献·······182

第十八章　皖西白鹅·······183
一、一般情况·······183
　　1. 品种名称·······183
　　2. 中心产区和分布·······184
　　3. 产区的自然生态
　　　条件·······184
二、品种来源及数量·······185
　　1. 品种来源·······185
　　2. 调查概况·······185
　　3. 群体数量·······185

三、体形外貌·······185
四、体尺、体重·······187
五、生产与繁殖性能·······187
　　1. 肉用性能·······187
　　2. 蛋品质量·······188
　　3. 繁殖性能·······189
　　4. 产羽绒性能·······190
六、饲养管理·······190
　　1. 皖西白鹅的饲养
　　　现状·······190
　　2. 雏鹅的饲养管理·······191
　　3. 中鹅的饲养管理·······191
　　4. 育肥鹅的饲养管理·······192
　　5. 后备种鹅的饲养
　　　管理·······192
七、科研进展·······193
　　1. 研究工作·······193
　　2. 保种场建设·······194
　　3. 保种措施·······194
八、评价与展望·······195
　　1. 品种评估·······195
　　2. 展望·······195
参考文献·······196

第一章

南 阳 牛

南阳牛（Nanyang cattle）是中国优良的地方黄牛品种。南阳牛主产于河南南阳郊区、唐河、邓州、新野、镇平、社旗、方城等地区，在周口、许昌、驻马店、漯河等地区分布也较多。据估计，目前全南阳市南阳牛的存栏量不超过40万头，其中纯种的南阳牛不超过2万头。南阳牛体大力强，行走快速，适应性强，产肉性能良好，属国内大型役肉兼用品种。成年南阳牛公牛（24月龄）的体重为370.35 kg，体高为127.05 cm，体斜长为139.25 cm，胸围为168.15 cm，坐骨端宽为25.58 cm。与国内其他肉牛品种相比，南阳牛有许多优良特性；但与国外许多商业化肉牛品种相比，仍存在较多不足，如饲料报酬、体量增加速度、产肉量、产乳量等均比国外肉用品种差。另外，近年来，南阳牛群体数量也呈现持续降低的趋势，因缺乏良好的保种和繁育措施，品种种质也在逐渐下降。因此，要加大对南阳牛的品种资源保护，提高其存栏量，加强良种繁育。

一、一 般 情 况

1. 品种概况

南阳牛是中国优良的地方黄牛品种，原产于河南省南阳盆地白河和唐河流域的平原地区，属国内大型役肉兼用品种。其特征主要体现在体大力强，行走快速，适应性强，产肉性能良好。该品种头型适中，角形复杂，鼻镜多为肉色；皮薄毛细，被毛以深浅不等的黄色为多，也有红、草白等色；颈短厚，略呈弓形；肩峰隆起，体格高大而结实，前躯发达；四肢筋腱明显，蹄大而坚实。

中国许多地区曾引进南阳牛品种用于改良当地黄牛。1998年，南阳牛被农业部列入首批《国家畜禽品种保护名录》；2002年通过国家质量监督检验检疫总局（下文简称国家质检总局）原产地标记域名注册；2006年被确定为国家级畜禽遗传资源保护品种。

2. 中心产区和分布

以南阳郊区、唐河、邓州、新野、镇平、社旗、方城等地区为主要产区。除南阳盆地几个平原县、市外，周口、许昌、驻马店、漯河等地区分布也较多。

3. 产区的自然生态条件

（1）南阳的地理条件

南阳位于河南省西南部、豫鄂陕三省交界处，为三面环山、南部开口的盆地，因地处伏牛山以南、汉水以北而得名。南阳盆地处于汉水上游、淮河源头，北有秦岭、伏牛山，西有大巴山、武当山，东有桐柏山、大别山，三面环山，中间形成近 3 万 km^2 的盆地，是天然的形胜之都，其地质结构十分稳定。古人曾描述："南阳，光武之所兴，有高山峻岭可以控扼，有宽城平野可以屯兵。西邻关陕，可以召将士；东达江淮，可以运谷粟；南通荆湖、巴蜀，可以取财货；北拒三都，可以遣救援"。南阳自古雄踞于中原大地，处于长江、黄河之间，上承天时之润泽，下秉山川之恩惠，物华天宝，人杰地灵，市内伏牛苍苍，丹水泱泱，气候温和，物产丰富，具有适宜人类生产、生活、居住的环境。

（2）南阳的气候条件

南阳地处亚热带向温带的过渡地带，属于季风大陆湿润半湿润气候，四季分明。春秋时节为 55～70 d，夏季为 110～120 d，冬季为 110～135 d。年平均气温为 14.4～15.7℃，7 月的平均气温为 26.9～28.0℃，1 月的平均气温为 0.5～2.4℃。年降雨量为 703.6～1173.4 mm，自东南向西北递减。年日照时数为 1897.9～2120.9 h，年无霜期为 220～245 d。

（3）南阳地区的水源

南阳是南水北调中线工程的核心水源地和渠首所在地，分水系属于三大流域：中西部大部分地区属于汉水流域（长江流域）；东南部的桐柏县是淮河的发源地，分属于淮河流域；南召县北部有一小块地方属于黄河流域。南阳市的主要河流有丹江、唐河、白河、淮河、灌河、湍河。丹江口水库主要分布于南阳淅川，是亚洲最大的人工淡水湖。市内河流众多，长度在百公里以上的河流有 10 条。水资源可供开采量约 8.58 亿 m^3，南阳市水资源总量为 70.35 亿 m^3，水储量、亩[①]均水量及人均水量均居河南省第一位。

（4）南阳地区的自然资源

南阳地区有野生植物资源 184 科 927 属 2298 种，野生动物资源 28 目 75 科 204 属 320 种，国家和省重点保护动物、植物 79 种；拥有国家和省级自然保护区 6 个，面积为 221.37 万亩；国家和省级森林公园 8 个，面积为 6 万亩。南阳是全国中药材的主产区之一，盛产的天然中药材就达 2357 种，其中道地名优药材有 30 余种，品种数量占全国的 20% 以上，总储量占河南省的

---

① 1 亩 ≈ 666.7 m^2

1/4 以上，且多为无污染有机药材。截至 2013 年末，南阳市的森林覆盖率达 35.3%。

二、品种来源及数量

1. 品种来源及历史

南阳牛是经过不断演化而形成的，其历史悠久，可追溯到距今 6000 余年的新石器时代或更久以前。根据历史学家和考古学家的研究，中国黄牛（含南阳牛）的直系祖先是生活于中亚的亚洲原牛。中国黄牛是在新石器时代（距今 6000~10 000 年）由野牛逐渐变为家牛的，并且这一时期已经渗进了瘤牛型原牛和欧洲原牛的基因成分。其间经历了狩猎、驯化、驯养的漫长岁月，特别是在人类驯养的环境下能够繁殖后代之后，才逐渐分化形成了南阳牛这一品种群体。从发掘的牛骨来看，在仰韶文化中期，河南省淅川县已有家养的黄牛和水牛（张开洲，2008）。

南阳农民历来有养牛的习惯。远在春秋时代，南阳牛已进入了舍饲、圈养阶段。生于斯长于斯的秦国名相百里奚就善于养牛，在他大半生的落魄生涯中，于南阳城西麒麟岗养牛成为谋生的主要手段。明、清时代，南阳牛已遍布于唐河、白河流域。悠久的养牛历史，孕育了南阳盆地千家万户养牛的民风，南阳农民普遍具有养牛的习惯和技能。

20 世纪 50 年代，国家有关部门在南阳市建立了全国第一个黄牛繁育专门机构，开展对南阳牛的系统选育。20 世纪 70 年代，南阳率先在国内推广普及牛的冷配技术，实现了黄牛育种史上的一次历史性跨越；80 年代初，国家有关部门制定并颁布实施南阳牛国家标准，同时把品系繁育技术应用于南阳牛育种工作中；90 年代，科技人员首次把胚胎移植技术引入南阳牛育种工作中，又明确提出了把南阳牛培育成为我国一个专门化肉牛品种的目标，以填补我国没有专门化肉牛品种的空白。

2. 群体数量

据估计，南阳牛的群体总数为 40 万头左右，其中成年公牛占 5%~8%，繁殖母牛占 40%~50%。保种场南阳黄牛良种繁育场核心群存栏有 330 头（魏成斌等，2013）。

2017 年 4 月，调查组到南阳黄牛良种繁育场进行调研，该繁育场目前的核心群为 250 头，其中母牛为 210 头，生产母牛为 110 头，年产犊牛约 80 头；公牛为 40 多头，但真正用于配种的纯种南阳牛公牛为 6 头。据该场场长估计，目前全南阳市南阳牛存栏量不超过 40 万头，其中纯种的南阳牛不超过 2 万头。因此，南阳牛的群体数量也呈现严重递减的趋势。

三、体形外貌

1. 被毛及皮肤颜色

南阳牛的毛色有黄、红、草白 3 种，以深浅不等的黄色为最多，占 80%，红色、草白色较少。一般牛的头部、颈部、身躯、背线、尾部被毛多呈黄色，占 93%，红色、草白色较少，四肢及五官周围为白色。皮肤为白色，鼻镜多为肉红色，其中部分带有黑点，鼻黏膜多数为浅红色，蹄壳以黄蜡色、琥珀色带血筋者为多。

2. 头部特征

公牛的头部雄壮方正、多微凹，颈短厚、稍呈弓形；母牛的头部清秀、较窄长，多凸起，颈薄、呈水平状，长短适中。颈侧多皱纹，颈垂、胸垂较大。南阳牛属有角品种，角形较多，按形状分为萝卜角、扁担角、丸角、平角和大角等；按其生长方向分为迎风角、顺风角、直叉角、扒头角和垂角等。公牛大多为萝卜角、扁担角，中等大小；母牛的角较细，有疙瘩角、扒头角、顺风角、迎风角、龙门角等多种。

3. 体形外貌特征

南阳牛属役肉兼用品种，其体格高大，鬐甲较高，体质结实，肌肉发达，结构紧凑，肩部宽厚，腰背平直，四肢端正，蹄质坚实，肢势正直。公牛肩峰隆起 8~9 cm，前躯发达（图 1.1）；母牛中躯发育良好，皮薄毛细（图 1.2）。按体形大小和四肢长短可分为高脚牛、矮脚牛和短脚牛 3 种类型。

（1）高脚牛

高脚牛四肢相对较高（长），前肢长度大于胸深；体躯长，骨骼较细，体质偏于细致紧凑；皮薄毛细，毛色大多纯一、较淡，黄色、米黄色较多；气质敏锐，发育较差，不易增肥。

（2）矮脚牛

矮脚牛四肢相对较矮，肢长小于胸深；体躯长，胸腹围大，骨骼和关节粗壮；公牛头形多呈三角形，角较粗大，体质粗糙结实；毛色多半较深，红、红黄、红青色为多；矮脚牛耐粗饲，较易增膘。

（3）短脚牛

短脚牛介于高脚牛和矮脚牛之间，发育匀称，胸部发育良好，背腰平直，尻部平整，体质结实，毛色较纯一。其属于南阳牛中较理想的群体。

图 1.1 南阳牛公牛
（南阳黄牛科技中心提供）

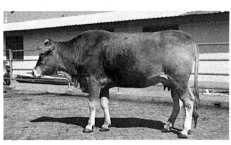
图 1.2 南阳牛母牛
（调查组于 2017 年拍摄）

扫码见彩图

扫码见彩图

四、体尺、体重

1. 体尺测量

（1）测量用具

测量体高及体斜长用测杖，测量胸围用皮尺，测量坐骨端宽用骨盆卡尺。测量前，测量用具应用钢尺加以校正。

（2）牛体姿势

测量体尺时，应使牛只端正地站在平坦、坚实的地面上，前后肢和左右肢分别在一条直线上，头部自然前伸（头顶部与鬐甲接近水平）。

（3）测量部位

1）体高：鬐甲最高点到地面的垂直距离。

2）体斜长：从肩端前缘到坐骨结节后缘的直线距离。

3）胸围：由肩胛骨后角处量取胸部的周径，松紧度以能放进两个指头上下滑动为宜。

4）坐骨端宽：两个坐骨结节外缘之间的宽度。

2. 体重测定

有条件时，应进行实际称重（早饲前空腹称重）；若无条件时，可采用公式进行估算，公式如下。

$$T = X^2 \times C / 10\,800$$

式中，T 为体重，单位为 kg；X 为胸围，单位为 cm；C 为体斜长，单位为 cm。

该式适用于 12 月龄以上南阳牛的体重估测，实际测量时，可根据牛只膘情，对估测值做 5% 的上下浮动。

3. 南阳牛不同生长阶段的体重及体尺信息

南阳牛公牛不同生长阶段的体重及体尺测定结果见表 1.1。

表 1.1 南阳牛不同生长阶段的体重及体尺测定结果

月龄 / 月	体重 /kg	体高 /cm	体斜长 /cm	胸围 /cm	坐骨端宽 /cm
0	29.63	—	—	—	—
6	155.45	105.15	104.80	125.05	18.53
12	222.93	113.20	115.20	137.50	21.18
18	305.15	120.65	130.65	157.45	23.78
24	370.35	127.05	139.25	168.15	25.58

资料来源：调查组于 2013 年在南阳黄牛良种繁育场测定

五、生产与繁殖性能

1. 产肉性能

南阳牛的产肉性能主要包括增重速度和肉用品质两个方面，主要质量指标有日增重、屠宰率、净肉率、饲料报酬、肉质［嫩度（剪切力）、多汁性、色泽、眼肌面积、优质肉切块率、大理石状和香味等］。南阳牛的肉质良好，易于育肥。产肉性能随年龄、性别、屠宰时间等的不同而有差异。最大的特点是肌纤维细、大理石状明显，肉鲜味浓，肌内脂肪中有特殊的香味物质，无论在营养价值、促进食欲，还是在食疗保健方面，进口牛肉都无法与之比拟。

南阳牛的平均屠宰率为 52.2%，净肉率为 43.6%，眼肌面积为 60.9 cm^2。南阳牛幼牛直线育肥，平均屠宰率为 55.6%，净肉率为 46.6%，眼肌面积为 92.6 cm^2，肉骨比为 5.14∶1。南阳牛强度育肥，平均日增重为 0.65 kg，屠宰率为 64.5%，净肉率为 56.8%，肉骨比为 7.42∶1，眼肌面积为 95.3 cm^2（杜书增等，2016）。

2. 产乳性能

南阳牛的乳房呈碗状，在一般饲养条件下，305 d 产乳量：1～2 胎为 600 kg以上，3 胎以上为 900 kg 以上（《南阳牛》国家标准）。乳脂率为 4.5%～7.5%，泌乳期为 200 d。乳的成分主要包括：水分 83%、蛋白质 4.0%、脂肪 5.0%、乳糖 6%、灰分 0.8%、其他成分 1.2%（魏成斌等，2013）。

3. 皮用性能

南阳牛皮质优良，皮张厚度为 7 mm，干皮质量为 19 kg，皮张面积为 25 200 cm^2（魏成斌等，2013）。其优点是：皮革纤维结构紧密，均一性较好，孔隙较多，手感一致性良好。在大气中吸湿性达 30%、湿度达 90% 以上时，才能感到潮湿；而人造革的吸湿性只有 8%，大气中湿度达 40% 以上时，即感到潮湿。南阳牛皮革的挠曲性好，可承受 3 万～4 万次弯折，而一般的皮革只能承受 2 万次弯折。南阳牛皮革的强度为 95%，比其他牛种高；皮鞋面革的伸长率比其他牛种高，可达 39%～43%（张开洲，2008）。

4. 繁殖性能

（1）公牛的繁殖性能

南阳牛公牛的初情期为 10～12 月龄，性成熟期为 16～18 月龄，适时配种期为 26 月龄，3～6 岁配种能力最强；每次射精量为 2～5 mL，精子密度为 8 亿～10 亿个 /mL，精子活力为 0.78。在自然配种条件下，每头公牛本交配种状态下每日可配 1～2 次，1 个配种季节可承担的配种母牛数为 150 头；在人工授精条件下，健康公牛一次射精量经过稀释后能够用于 130 头母牛受精。种公牛每头每年可制作冷冻精液 1 万份左右，冻精配种，可配种母牛 2000～4000 头。目前配种方式的比例为：自然交配占 21.7%，人工授精占 78.3%。一般利用年限为 6 年，生命周期为 10～12 年（魏成斌等，2013）。

（2）母牛的繁殖性能

南阳牛母牛的初情期为 8～12 月龄，一年四季皆可发情，以春季最多；发情周期为 18～25 d，平均 21 d，发情持续时间为 24～72 h，青年母牛的发情持续期较长，老龄母牛的发情持续期较短，产后发情一般为 77 d。适时配种月龄为 18～24 月龄，每年 4～9 月为配种旺季，通常发情后 13～24 h 配种，受胎率达 69% 左右。妊娠期平均为 286 d，怀孕公犊胎儿时间稍长。一般母牛的繁殖率为 66%～85%，哺乳期为 6 个月，犊牛成活率为 85%～95%，春季产犊较好。一般利用年限是 12 年，生命周期为 15 年（魏成斌等，2013）或更长。

5. 种质适应性

南阳牛对自然生态条件的适应性很强，耐粗饲，在比较粗放的饲养管理条件下即可发挥出较好的生产潜力。南阳牛对疾病的抵抗力较强，基本上无大规模的疫情发生。

六、饲养管理

1. 南阳牛牛舍建设的要点

牛舍建设要根据气温变化和牛场的生产、用途等因素来确定。建牛舍不仅要因陋就简、就地取材、经济实用，还要符合兽医卫生要求，做到科学合理。有条件的，可建质量好、经久耐用的牛舍。牛舍以坐北朝南或朝东南为好。牛舍要有一定数量和大小的窗户，以保证光照充足和空气流通。房顶有一定的厚度，隔热保温性能好。舍内各种设施的安置应科学合理，以利于肉牛的生长。

2. 饲养管理要点

南阳牛的饲养方式多以舍饲为主，山丘地区4～10月实行白天放牧、夜间补饲的方式。舍饲饲养以粗饲料为主、精饲料为辅，部分育肥场使用玉米青贮。一般成年牛日喂粗饲料4.0～7.5 kg、精饲料0.5～1.0 kg。南阳牛性情温驯，耐粗饲，易管理，较少发生难产，育成率高。

（1）育肥牛只的选择

一般来说，育肥成绩的好坏，主要取决于架子牛选择及饲养管理水平。架子牛通常是指断奶后到1周岁、18月龄未经育肥或达不到屠宰体况的阉牛。好的架子牛容易饲喂，挂膘快、健壮、适口性好、早熟早肥、饲料报酬较高；体躯高而长，肋骨开张，胸部宽深，背腰结合良好，皮毛柔软松弛等。提高饲养管理水平，主要在于改善精、粗饲料的结构与品质，按照牛只的营养需要进行科学的日粮配比，并严格执行日常操作规程。

根据南阳牛的生长发育规律，幼年阶段（8～12月龄）的南阳牛组织器官处在强烈的生长发育阶段，增重逐渐提高，但绝对值较小，达不到最高峰，而且肉色较淡，因而进行幼年短期育肥不太适宜；在到达南阳牛生理成熟之前的青年阶段，机体的生长发育接近成熟，组织器官的结构和机能逐渐完善，而且绝对增重的饲料报酬和利用效率均达到最高，以后则逐渐下降，而且随着年龄的增大，肉质纤维也变粗、变老，故老、废牛的育肥几乎不被采用。因此，南阳牛的育肥主要集中在青年阶段（年龄为1.5～4岁）。

青年母牛性成熟后达到1.5～2岁、体重250～350 kg时，可适时配种。若育肥后进行屠宰，单方面地追求产肉量和肉质，忽略正常母牛的终生繁殖效益，则经济效益差。即使集中育肥后不进行屠宰，育肥期间精饲料的密集供应也会使膘情迅速提高，过高的膘情也会影响母牛的适龄配种受胎。因此，目前对南阳牛的育肥主要是集中在青年公牛上，分为去势青年公牛和未去势青年公牛的育肥。

（2）育肥方法

育肥方法多样，按育肥期长短分为短期（80～120 d）、中期（150～240 d）和长期（连续300～360 d）育肥；按期望肉质则分为一般、中等、高档优质等育肥。根据所选牛的年龄、育肥期长短及育肥期望值的高低，可采取不同的育肥方法（孙志和，1994）。

（3）育肥采取的措施

南阳牛的肉用潜力大，但现实水平与肉牛品种相比存在差距。关键是饲养水平低、管理粗糙，与南阳牛本身种质无关。因此，要求按照牛只的固有生活习性和营养需要进行科学的饲养管理，在提高日粮能量与蛋白质水平的同时，按照南阳牛的饲养标准尽可能科学地配合日粮，对矿物质、维生素及氨基酸等进行平衡，最大限度地发挥其生长和产肉潜力，这是南阳牛成为育肥牛进而提高其产肉性能的重要途径。

七、科 研 进 展

1. 南阳牛的遗传改良工作进程

（1）本品种选育工作进程

1）役用阶段：南阳市黄牛研究所在1959～1976年确立了以南阳牛役用性能为中心的研究主题，主要选育方向是皮厚骨粗、肌肉发育强大而结实、皮下脂肪少、全身粗糙而紧凑、前躯较后躯发达，表现为前高后低。重点描述了高脚牛、矮脚牛、短脚牛3个类型牛的外貌特点和挽力、持久力、速度等。

2）役肉兼用阶段：此阶段为1977～1992年，主要目标是使南阳牛从役用为主转向以肉用为主。制定了南阳牛国家标准和饲养标准，开展了南阳牛本品种肉用选育研究，进行了遗传参数的估计、肉用性能及早熟性的研究、生长发育规律的研究，还进行了生理生化指标的测定和导入杂交育种试验。通过本品种选育，南阳牛的生产性能有了提高。

3）肉用阶段：从1993年至今，南阳黄牛科技中心、南阳黄牛良种繁育场紧密围绕南阳牛肉用新品系的研究，突出南阳牛的肉用性能，实施了本品种选育，积极培育肉用性能突出的南阳牛肉用新类群。

（2）南阳牛杂交改良工作进展

为了提高南阳牛的产肉性能，南阳黄牛科技中心和南阳黄牛良种繁育场先后引进夏洛来牛、皮埃蒙特牛、德国黄牛、利木赞牛、西门塔尔牛等来改良南阳牛，取得了明显成效，杂交牛比南阳牛在日增重、屠宰率、眼肌面积方面均有所增加。

1）夏洛来牛改良南阳牛及夏南牛新品种培育。夏南牛是以夏洛来牛为父本，南阳牛为母本，利用人工授精技术，通过杂交育种、横交固定和自群繁育3个阶段的开放式育种技术，经过21年严格的选育，育成的含有南阳牛62.5%、夏洛来牛37.5%血统的肉牛新品种，是我国自主培育的第一个肉牛新品种，填补了我国没有自己的肉牛品种的空白。夏南牛体格高大，四肢比南阳牛粗壮，胸深而宽，尤其是背部及后躯发达，生长发育速度快，能适应当地的自然气候条件，早熟性强，屠宰率、净肉率、肌肉嫩度、高档牛肉率均高于南阳牛。同时夏南牛改变了南阳牛背腰欠宽广、肉用性能差、生长发育慢、初生重小等遗传缺陷，保留了南阳牛耐粗饲、抗逆性强、抗病性好、遗传性稳定的优良特性（杜书增等，2016）。

2）皮埃蒙特牛改良南阳牛及皮南牛新品系培育。通过引入国外著名的肉用品种皮埃蒙特牛改良当地的南阳牛，1986年借助中国和意大利进行的肉牛合作项目，南阳市决定引入皮埃蒙特牛改良南阳牛。在新野县组建了高标准的一级核心育种群，形成了集中连片的社会育种区，建立了三级配合、上下联动的良种繁育体系，育种效果显著，后代表现突出。皮南牛的平均屠宰率、平均净肉率、眼肌面积、优质肉切块率、高档牛肉率都比南阳牛高。

3）德国黄牛改良南阳牛及德南牛新品系培育。引入德国黄牛改良南阳牛是为了在不改变南阳牛传统毛色和优良特性的前提下，提高其产肉性能和泌乳性能。以邓州、唐河、社旗、方城等地作为德国黄牛的导血育种区，组建核心育种场，建立育种群。德南杂交一代公母牛同期比南阳牛在体重、体高、体斜长、胸围、管围方面均有所增加。德南杂交一代牛背腰平直，中后躯发育好，体躯呈现方块状，肉用性能得到明显改善；有效地纠正了南阳牛背腰欠宽广、后躯发育不良等特点；并且杂交后代初生重大、耐粗饲、抗病性能好，深受农民喜爱，容易推广。

2. 保种场建设

南阳黄牛良种繁育场又名南阳市黄牛研究所，始建于1952年，是以南阳牛保种、育种、供种为主，集科研生产与技术推广于一体的国家级重点种畜场，是1998年农业部第一批确定的十大国家级重点种畜场之一。现隶属于南阳市畜牧局，全场总面积为16 000亩，其中耕地为12 000亩，年产小麦、玉米、大豆、花生等农作物7500 t，其中优质小麦良种7000 t，饲料、饲草资源丰富。

全场下属南阳牛育种中心、研究室、育肥场、绿丰种业有限公司、农业分场等15个二级单位，总固定资产达2000多万元。现有职工460人，其中从事畜牧兽医、农业生产工作的人员有138人。该场1967年在全国首批开展常规人工授精技术；1974年在河南省首次研制黄牛冷冻精液成功并率先推广应用；1981年，在全国制定了第一个地方黄牛品种标准——《南阳牛》国家标准；目前南阳市200余万头存栏黄牛中，70%以上含有该场培育的南阳品系牛血统；1995年，在该场建立了全省第一家南阳牛育种中心；1999年，建立了南阳牛国家级保种基因库。该场先后与日本、英国、加拿大、澳大利亚、意大利、德国等国家进行技术合作，在实施南阳牛的保种育种、育肥生产、成果转化及技术推广中，取得了一系列成果，多次受到国家、省、市有关部门的表彰。

特别是近20年来，该场先后承担、实施和完成了国家、省、市畜牧科研攻关项目60余项，获国家、省、市科技成果30多项。累计向社会提供优质南阳牛冻精颗粒（细管）600余万份、优质种牛6000余头、优质胚胎1200余枚。目前，该场是国家"948"项目实施单位，是国家农业科技跨越计划的项目合作单位、省重大畜牧科技攻关项目和肉牛胚胎移植基地，同时也是南阳市"十五"重大科研项目"南阳牛肉用新品系培育"的承担单位。

据不完全统计，对南阳牛科学研究进行报道的文献多达700余篇。概括起来，主要包含以下几方面的研究：生长相关基因多态性与生长/生产性状关联性研究，品种改良及其他方面。

（1）南阳牛生长相关基因多态性与生长/生产性状关联性研究

在南阳牛生长相关基因多态性的研究方面，陈宏教授课题组主要在2003～2012年先后对 *MC4R*、*GHSR*、*POU1F1*、*PRLR*、*LEPR*、*leptin* 等基因进行多态性分析，发现部分基因多态性与南阳牛的生长性状存在关联性（Zhang et al., 2009a, 2009b；Kai et al., 2006；Lü et al., 2011；Li et al., 2013；Guo et al., 2008；Yang et al., 2007）。昝林森教授课题组先后检测了 *PPARγ*、*GDF10*、*somatostatin*、*GDF5*、*Myostatin*、*ZBTB38* 等基因的多态性，发现这些基因部分 SNP 位点与南阳牛肉的品质性状或者体尺性状存在相关性（Fan et al., 2011；Adoligbe et al., 2012；Gao et al., 2011；Liu et al., 2010；Xue et al., 2011）。信阳师范学院马云课题组检测了 *KLF7*、*LXRα*、*ANGPTLs*、*RXRα*、*PPARs* 等12个基因在南阳牛群体中的多态性，发现其中部分 SNP 位点与南阳牛的生长性状存在相关性（Ma et al., 2011, 2012, 2013, 2014；Chen et al., 2015）。

（2）南阳牛品种改良

该部分工作主要由河南省南阳市、驻马店市畜牧兽医相关单位及南阳市南阳黄牛良种繁育场开展。自20世纪80年代以来，上述单位先后引进皮埃蒙特牛（李峰等，2002）、夏洛来牛（李峰等，2006）、德国黄牛（李敬铎等，2000）、利木赞牛（杨岳云等，2002）等多个国内外优良品种对本地的南阳牛进行遗传改良，使得南阳牛的生产性能得到了一定程度的提高。利用南阳牛为母本，夏洛来牛为父本，已选育出我国自主培育的第一个肉牛新品种——夏南牛。

（3）其他方面

除以上所列的大量研究外，我国的科研工作者也在南阳牛的繁殖（王木等，2006；胡文举等，2006）、乳房炎（杨东英等，2006；张婧敏等，2010）及肉品质（王复龙等，2013；鲁云风和高雪琴，2007）等方面做了许多工作，共同推进了南阳牛产业的发展。

八、评价与展望

1. 品种评估

南阳牛种质资源的优点：体格高大，肌肉发达，结构紧凑，皮薄毛细，四肢端正，蹄质结实，行动迅速，肉质细嫩，肌纤维细，味道鲜美，耐粗饲，适应性强，遗传性稳定。

南阳牛种质资源的缺点：在同等条件下，饲料报酬、体量增加速度、产肉和产乳量等与国外肉用品种相比较差。南阳牛的研究开发及主要利用方向是在保持南阳牛种质资源优势的基础上，提高饲料报酬、体量增加速度及产肉和产乳量。

2. 存在的问题

（1）品种问题

按肉牛品种的要求，南阳牛存在前肢尤长、深广不够、后躯不发达、产乳量低、晚熟、饲养成本高等缺陷（王冠立，1995）。

（2）种质资源保护问题

由于南阳牛与国际上其他著名的肉牛品种相比存在生长速度较慢的缺点，肉质与国际标准还有一定差距。因此，近年来，为发展南阳畜牧业，南阳黄牛科技中心先后引进优质国外肉用牛——夏洛来牛、利木赞牛、西门塔尔牛、皮埃蒙特牛、契尔尼娜牛、德国黄牛等与南阳牛进行杂交，取得了一定的经济效益，但由于过度追求肉牛的经济效益，乱交滥配现象严重，导致南阳牛品种的数量日趋减少，品种严重衰退，南阳牛大量优质基因资源丢失，严重影响了进一步的育种和改良工作。同时长期以近交为主的繁殖方式也造成了南阳牛品种单一化程度高，抗逆性降低（鲁云风等，2006）。因此，南阳牛种质资源的保护迫在眉睫。

（3）育肥问题

南阳牛的饲养方式目前仍基本上使用传统技术，育肥处于粗放模式。饲养方法不科学、不规范，使有限的饲料资源造成不同程度的浪费，单位投入产出效益较低。

（4）加工问题

由于深加工、综合开发体系跟不上，牛产品档次不高，还停留于初级产品销售阶段，价格上不去，资金效益受到极大限制（王冠立，1995）。

3. 保种及育种措施

（1）南阳牛的保种

1）重视南阳牛的保种：南阳牛这一品种来之不易，是祖先留给我们的宝贵历史文化遗产，是中华民族的瑰宝。保护好南阳牛品种资源，我们责无旁贷。在南阳牛的保种工作中，严禁在保种区内进行任何形式的品种杂交。如果要开展导入杂交，可以在保种区外进行。因为南阳牛的产区范围很大，很容易找到适宜开展杂交育种的区域。

坚持进行活体群体保种，遗传物质（冻胚、冻精）保种仅能作为一般性的辅助保种手段，不宜以遗传物质保种替代活体保种。

2）建立南阳牛保种核心群：建立南阳牛保种核心群，完善系谱和技术管理档案；制订科学选配计划，严格选种选配，控制近交系数增大；后代按标准严格选留，确保逐代遗传稳定，使肉用性能不断提升。

3）建立南阳牛保种群：采用总场所有、职工分散饲养的方式，建立一定规模的南阳牛保种群，总场免费统一配种、统一防疫、统一登记、统一管理和技术指导。

4）建立社会保种区：在南阳黄牛良种繁育场邻近的县、市，建立社会保种区。选择后躯较发达、乳房发育良好、早熟、增重快的优秀母牛，进行良种登记，通过种公牛站、人工授精站，严格选种选配，免费供应特、一级南阳纯种牛冻精，开展本品种选育。在保种区内适当补贴，实施强制性行政干预，严禁使用其他肉牛品种的冻精进行冷配和外血导入。

5）加强良种登记及推广工作，搞好育种体系建设：在南阳牛保种区内，开展南阳牛良种登记，对良种登记的母牛所生后代择优登记，特优的纳入场群，母牛作为后备牛，公牛进行性能测定。

6）加强良种推广，搞好推广体系建设：重点建好南阳牛良种交易市场，充分发挥交易的集散和推动作用；增强广告宣传意识，利用发布会、电视、网络广告宣传等多种形式，努力扩大影响，打响南阳优质肉牛品牌。

推广配套的饲养技术，推广使用无毒、无污染、无残留的添加剂及全价配合饲料、秸秆青贮氨化、犊牛早期补饲等配套的肉牛饲喂技术，调整种植结构，推广牧草种植技术，发展粮、经、饲三元种植结构，推广紫花苜蓿、冬牧黑麦草、箭筈豌豆、沙打旺等高产优质牧草。

7）建立南阳牛冻精、冻胚保种基因库：在南阳牛育种中心核心群中，选择健康无病、生产力正常、3～6岁、符合南阳牛国家标准等级的种公牛8头、种母牛20头。种公牛按照《牛冷冻精液》（GB4143—2008）规定的牛冷冻精液制作程序，采制冻精颗粒（细管）30 000份，冻精颗粒（细管）质量技术应符合上述国家标准的要求。种母牛依照同期发情、超数排卵、人工授精、冲胚采集、检胚分级、冷冻保存等程序，采制优质胚胎 240 枚，全部达到 1 级可用胚标准，建立地方南阳牛基因库（张玉才等，2010）。

（2）南阳牛的育种

1）全面认识南阳牛的特点：在现代肉牛生产中，充分利用杂种优势组合不同品种的优点是提高生产效率的关键，因此有较好的母本品种并进行系统选育提高是必要的。

肉牛生产配套体系中，理想的母本应该具有终生持久的受孕能力；性成熟早，难产少；良好的泌乳性能；对不良环境的适应性强；体质结实，性情温驯；饲料报酬较高；较好的屠宰性状，肌肉鲜嫩。对于母牛，除了重视外貌评定外，还要重视其犊牛断奶重的测定，以衡量母牛的泌乳性能，如果犊牛的断奶重低于 120 kg，则今后的育肥期会较长，并且育肥比较被动。

对于公牛要进行后裔测定，在杂交育种进入横交阶段的时候，对杂交公牛尤其要进行选择。

2）多种育种方法同时并重：在南阳牛育种中，依据不同生态区域的特点，分别采用本品种选育、导入杂交（育成杂交）、级进杂交等方法，不能因为杂交育种在短期内的效果好而忽视了本品种选育。

3）对南阳牛进行杂交育种要把握好杂交代数：根据南阳地区当前的饲养条件和饲养水平，主要以粗饲料（玉米、小麦秸秆）为主，很少会使用优质牧草，与这样的粗饲料条件相适应的牛的类型不可能是纯种肉牛和高代杂交肉牛。部分外来品种引入后，始终赶不上原产地条件下的生产水平，犊牛断奶前、后生长受阻，发育不良，甚至出现"倒退"现象。而南阳牛经过长期的适应性选择，则具有非常好的耐粗饲性能。因此，对南阳牛级进杂交育种要把握好杂交代数。

4）注重南阳牛的早熟性育种：南阳牛需要 2～2.5 岁才能出栏，早熟性差，牛的饲养期长。肉牛出栏期较长的现象，主要受品种因素的影响。因此，要注重南阳牛的早熟性选育，既要注意生长发育早熟性的选育，又要注意肌肉特征早熟性的选育，运用生长发育模型可以进行早熟性分析，不同生长阶段的屠宰测定可以进行肌肉特征早熟性分析（茹宝瑞和高腾云，2011）。

4. 展望

（1）对南阳牛独特经济性状的再认识

1）南阳牛具有独特的肉用优良品质：南阳牛肉的突出优点是肌纤维细、香味浓、大理石状明显、风味独特，在未来高档牛肉市场中适于卤制、红烧，或做成肥牛火锅、牛肉汤之类，这既是我国人民传统的牛肉食用习惯，也很适合亚洲人的口味；南阳牛肉制成牛肉干、牛肉松之类的干品，作为高档旅行休闲食品，市场前景广阔。众所周知，大理石花纹是生产高档牛肉的必备条件，我国黄牛经过较长时间的饲养，大理石花纹形成良好，熟制牛肉切片美观、细腻，香味十足，回味无穷，国外肉牛无法与之匹敌（王跃先等，2010）。

2）南阳牛皮革的独特优点：南阳牛皮革的优势是粒面（毛孔）细致、皮纤维直径小（纤细）、编织紧密、油脂含量适中，其粒面的细致程度，世界其他牛品种不能及。南阳牛皮在国内外制革界被推为上等原料，是生产高档皮革的基础，是国内外皮革行业的一张金牌。

3）南阳牛适应性的独特优势：南阳牛具有良好的耐热性和对焦虫病的抵抗能力。南阳牛的产地处于亚热带向暖温带的过渡地带，四季分明，冬夏温差大。南阳牛含有瘤牛型基因成分，肩峰隆起，垂皮较为发达，皮肤薄而富有弹性，毛孔细而汗腺丰富，皮肤表面积广，单位体重皮肤面积较大，这些特性都有利于抗热性的发挥。国外肉牛品种大多原产于欧洲，四季温差小，抗热性差，夏季食欲减退，生长缓慢，呼吸气喘，即使杂交牛，其抗热能力也远不及南阳牛。

（2）黄牛综合系列开发建设

黄牛综合系列开发投资小、见效快、经济效益高。根据几年来的实践体会，建立健全综合系列开发技术体系和科学管理服务体系，实行产、供、销综合系列化全程服务，是搞好黄牛综合开发的保证。

1）建立黄牛良种繁育体系，注重良种选育和合理配置，积极推广应用冷冻配种，提高南阳牛的质量，扩大优质母牛群。并且要大力推广冷配技术服务承包合同，实行"七包"，即每头适龄母牛要包配种前检查、包精种颗粒配制、包准孕、包妊娠检查、包助产、包母牛疾病及不孕症治疗、包管理技术指导。

2）建立黄牛杂交改肉牛育肥体系。南阳牛虽然肉用性能好，但净肉率一般在40%左右，育成一头商品牛一般需要2～2.5年，体重最高达700 kg左右；而国外的良种肉牛，净肉率可达60%以上，育成一头商品牛只需1～1.5年，体重最高可达1500 kg。因此，各地要合理布局，适当调整，积极推广应用黄牛改肉牛育肥技术，从而改变本地黄牛个体小、净肉率低、育肥周期长等缺点，提高其商品价值（刘金龙等，1990）。

3）建立黄牛人工植黄、取胆汁技术服务体系。在普及人工植黄和活体取胆汁技术的基础上，要确保技术、菌种过关，并由技术部门与养牛户签订有关合同，待产品销售后按比例分成，提取技术服务费。使养牛户感到保险、看到希望、得到实惠。

4）建立商品牛及其产品的综合加工销售体系。加强宏观管理，要有领导、有计划、有组织、有目标地进行，才能搞好商品牛、牛黄、胆汁、牛肉、毛、皮、骨、油等产品的综合系列加工，要把质量关，做到产供销一体化。

参 考 文 献

陈宁博. 2014. 牛能量代谢相关四个基因的遗传特征分析［D］. 信阳：信阳师范学院硕士学位论文.

杜书增，王冠立，王玉海，等. 2016. 南阳牛肉用选育改良及其产业化开发［J］. 中国牛业科学，（2）：63-66.

付玮玮. 2016. 中国地方黄牛 5 个脂肪细胞分泌因子遗传变异与表达规律研究［D］. 信阳：信阳师范学院硕士学位论文.

侯飞. 2011. 黄牛 *ANGPTL4*、*GPIHBP1* 基因 SNPs 检测及其与生长性状的关联分析［D］. 咸阳：西北农林科技大学硕士学位论文.

胡文举，王新庄，张英汉，等. 2006. 不同因素对南阳牛卵泡卵母细胞体外成熟的影响［J］. 西北农业学报，15（6）：8-11.

李峰，陈志杰，李毅，等. 2002. 河南南阳用皮埃蒙特牛改良南阳牛的情况调查［J］. 家畜生态，23（4）：74-76.

李锋，曲晓辉，牛星，等. 2006. 皮埃蒙特牛、夏洛来牛杂交改良南阳牛效果比较分析［J］. 中国牛业科学，33（3）：11-12，22.

李敬铎，王冠立，郑应志，等. 2000. 德国黄牛改良南阳牛调查报告［J］. 黄牛杂志，26（1）：25-26.

李荣荣. 2011. 牛 *LXRα*、*FIAF* 基因多态性及其与生长性状的相关性研究［D］. 咸阳：西北农林科技大学硕士学位论文.

刘金龙，郭惠敏，张连山. 1990. 浅谈南阳牛的综合开发［J］. 河南农业科学，（12）：30-32.

鲁云风，高雪琴. 2007. 南阳牛肉品品质研究［J］. 黑龙江畜牧兽医，（5）：101.

鲁云风，文祯中，原国辉. 2006. 南阳黄牛的可持续发展探讨［J］. 安徽农业科学，18：4592-4593，4596.

马云，侯飞，李荣荣，等. 2011. 牛血管生成素样蛋白 4 基因（*ANGPTL4*）编码区 SNPs 检测及其与南阳牛生长性状的相关性［J］. 农业生物技术学报，19（5）：887-892.

马云，李荣荣，白芳，等. 2012. 黄牛与牦牛 *ANGPTL4-exon* 5 多态性与生长性状的相关性［J］. 西北农业学报，21（1）：16-20.

茹宝瑞，高腾云. 2011. 关于南阳牛育种与生产的一些建议［A］//中国畜牧业协会. 第六届中国牛业发展大会论文集［C］. 重庆：287-290.

岁丰军. 2013. 南阳牛保种育种现状［A］//中国畜牧业协会. 第八届中国牛业发展大会论文集［C］. 呼图壁：224-227.

孙太红. 2015. 牛 *PPARα*、*PPARγ* 基因多态性及其与生长性状相关性分析［D］. 信阳：信阳师范学院硕士学位论文.

孙志和. 1994. 试谈南阳牛的肥育 [J]. 黄牛杂志, (4): 65-66, 74.

王复龙, 卢桂松, 王娜, 等. 2013. 南阳牛与延边牛牛肉感官品质和加工特性比较研究 [J]. 食品科学, 34 (23): 62-66.

王冠立. 1995. 南阳牛发展中存在的主要问题及其对策 [J]. 黄牛杂志, (S1): 146-147.

王木, 王新庄, 牛晖, 等. 2006. 南阳牛超数排卵研究 [J]. 中国农学通报, 22 (8): 47-49.

王跃先, 张瑞璋, 白跃宇. 2010. 南阳牛独特经济性状评价与育种 [A] // 中国畜牧业协会. 第五届中国牛业发展大会论文集 [C]. 滨州: 166-168.

魏成斌, 张彬, 施巧婷, 等. 2013. 南阳牛种质资源个性描述 [J]. 河南农业科学, 42 (1): 124-127.

杨东英, 陈宏, 张良志, 等. 2006. 牛 *BoLA-DRB3* 基因的多态性与乳房炎相关性初探 [J]. 中国兽医杂志, 42 (7): 7-9.

杨岳云, 全振粉, 杨好美, 等. 2002. 南阳牛导入利木赞肉牛效果调查研究 [J]. 黄牛杂志, 28 (2): 41-44.

张婧敏, 陈宏, 张春雷, 等. 2010. 奶牛乳房炎抗性候选基因的研究进展 [J]. 生物技术通报, (5): 43-46.

张开洲. 2008. 南阳牛文化 [M]. 郑州: 中原农民出版社.

张琼琼. 2016. 牛 *PPARα*、*PPARβ* 基因多态性及其与生长性状相关性分析 [D]. 信阳: 信阳师范学院硕士学位论文.

张玉才, 陈冠, 路青各. 2010. 南阳牛品质资源保护与利用现状 [J]. 中国牛业科学, 36 (1): 57-59.

Adoligbe C, Zan L S, Farougou S, et al. 2012. Bovine *GDF10* gene polymorphism analysis and its association with body measurement traits in Chinese indigenous cattle[J]. Molecular Biology Reports, 39(4): 4067-4075.

Chen N B, Ma Y, Yang T, et al. 2015. Tissue expression and predicted protein structures of the bovine *ANGPTL3* and association of novel SNPs with growth and meat quality traits[J]. Animal, 9(8): 1285-1297.

Fan Y Y, Zan L S, Fu C Z, et al. 2011. Three novel SNPs in the coding region of *PPARγ* gene and their associations with meat quality traits in cattle[J]. Molecular Biology Reports, 38(1): 131-137.

Gao L, Zan L S, Wang H B, et al. 2011. Polymorphism of somatostatin gene and its association with growth traits in Chinese cattle[J]. Genet Mol Res, 10(2): 703-711.

Guo Y K, Chen H, Lan X Y, et al. 2008. Novel SNPs of the bovine *LEPR* gene and their association with growth traits[J]. Biochemical Genetics, 46(11-12): 828-834.

Huang J P, Chen N B, Li X, et al. 2018. Two novel SNPs of *PPARγ* significantly affect weaning growth traits of Nanyang cattle[J]. Animal Biotechnology, 29 (1): 68-74.

Kai X, Hong C, Shan W, et al. 2006. Effect of genetic variations of the *POU1F1* gene on growth traits of Nanyang cattle[J]. Acta Genetica Sinica, 33(10): 901-907.

Li M X, Sun X M, Hua L X, et al. 2013. *SIRT1* gene polymorphisms are associated with growth traits in Nanyang cattle[J]. Molecular and Cellular Probes, 27(5-6) : 215-220.

Liu Y F, Zan L S, Li K, et al. 2010. A novel polymorphism of *GDF5* gene and its association with body measurement traits in *Bos taurus* and *Bos indicus* breeds[J]. Molecular Biology Reports, 37(1): 429-434.

Lü A, Hu X, Chen H, et al. 2011. Single nucleotide polymorphisms of the prolactin receptor (*PRLR*) gene and its association with growth traits in Chinese cattle[J]. Molecular Biology Reports, 38(1): 261-266.

Ma L, Qu Y J, Huai Y T, et al. 2011. Polymorphisms identification and associations of *KLF7* gene with cattle growth traits[J]. Livestock Science, 135(1): 1-7.

Ma W, Ma Y, Liu D, et al. 2012. Novel SNPs in the bovine *Transmembrane protein 18* gene, their linkage and their associations with growth traits in Nanyang cattle[J]. Genes & Genomics, 34(6): 591-597.

Ma Y, Chen N B, Li R R, et al. 2012. Tissues expression analysis, novel SNPs of the bovine *Angptl4* gene and its effects on bovine bioeconomic traits[J]. Livestock Science, 149(1-2): 96-103.

Ma Y, Chen N B, Li R R, et al. 2014. *LXRα* gene expression, genetic variation and association analysis between novel SNPs and growth traits in Chinese native cattle[J]. Journal of Applied Genetics, 55(1): 65-74.

Ma Y, Gao H T, Lin F, et al. 2013. Tissue expression, association analysis between three novel SNPs of the *RXRα* gene and growth traits in Chinese indigenous cattle[J]. Chinese Science Bulletin, 58(17): 2053-2060.

Xue M, Zan L S, Gao L, et al. 2011. A novel polymorphism of the myogenin gene is associated with body measurement traits in native Chinese breeds[J]. Genet Mol Res, 10(4): 2721-2728.

Yang D Y, Chen H, Wang X Z, et al. 2007. Association of polymorphisms of *leptin* gene with body weight and body sizes indexes in Chinese indigenous cattle[J]. Journal of Genetics and Genomics, 34(5): 400-405.

Zhang B, Chen H, Guo Y K, et al. 2009b. Associations of polymorphism within the *GHSR* gene with growth traits in Nanyang cattle[J]. Molecular Biology Reports, 36(8): 2259.

Zhang C L, Wang Y H, Chen H, et al. 2009a. Association between variants in the 5′-untranslated region of the bovine *MC4R* gene and two growth traits in Nanyang cattle[J]. Molecular Biology Reports, 36(7) : 1839-1843.

调查人：马云、黄洁萍、陈宁博、李芬、张明明、汪书哲、赵金辉
当地畜牧工作人员：王建钦、王玉海
主要审稿人：张英汉、陈宏

第二章

信 阳 水 牛

信阳水牛（Xinyang buffalo）因主产地而得名，属沼泽型水牛，为中国水牛地方优良品种。信阳水牛主产于河南信阳，中心产区位于信阳的商城、平桥、罗山、光山、新县、潢川、固始等地，周边地市南阳、驻马店及安徽的六安、湖北的广水也有少量分布。信阳水牛的群体数量严重萎缩，目前，其存栏量不到1万头。

信阳水牛体形大，骨骼粗壮、结实，繁殖力较强，耐湿热，耐粗饲，性情温驯，抗病力、役用能力均较强，具有早期生长发育快、产肉性能良好等优良特性（鲁训生和余纯凌，2000）。毛色有黄灰和黑灰两种。成年公牛的体高为129.0 cm，体斜长为146.0 cm，胸围为194.6 cm，体重为492.2 kg；成年母牛的体高为112.7 cm，体斜长为115.8 cm，胸围为161.6 cm，体重为425.0 kg。

信阳水牛已被列入《河南省地方优良畜禽品种志》和《中国国家级畜禽遗传资源保护名录》。虽然信阳水牛具有许多优良的种质特性，但是一直没有得到有效合理的保护和开发利用。尤其是自20世纪90年代以来，由于种种原因，信阳水牛的存栏数呈现快速、持续下降趋势，且品种种质也在逐渐退化。因此，要加大对信阳水牛的品种资源保护，提高其存栏量，加强良种选育。

一、一 般 情 况

1. 品种名称

信阳水牛为我国八大地方良种水牛之一，因主产于河南信阳而得名。

2. 中心产区和分布

信阳水牛主产于河南信阳，周边地市南阳、驻马店及安徽的六安、湖北的广水也有少量分布，信阳水牛的中心产区位于信阳的商城、平桥、罗山、光山、新县、潢川、固始等地。

3. 产区的自然生态条件

（1）地势、海拔、经纬度

信阳水牛的主产区为信阳市，位于河南省东南部，北纬30°23′～32°27′，东经113°45′～115°55′，东接安徽，南连湖北，西与南阳为邻，北至驻马店，南为大别山，西为桐柏山，北部为黄河冲积平原，中部为丘陵地；平均海拔为700 m，最高可达1582 m，山区占全市面积的36.9%，丘陵占38.5%，平原占17%，低洼易涝地占7.6%。

（2）气候条件

信阳地跨淮河，位于中国亚热带和暖温带的地理分界线（秦岭—淮河）上，属亚热带向暖温带过渡区。气候温暖湿润，属亚热带季风气候。日照充足，四季分明，年均日照时数为1900～2100 h；年平均气温为15.1～15.3℃，年无霜期长，平均为220～230 d；降雨丰沛，年均降雨量为900～1400 mm，空气湿润，年均相对湿度为77%。

（3）水源与土质

信阳市内河流、库塘密布，淮河及其支流流经全境。淮河支流密集，淮干南侧支流河短流急、水量丰富，有史河、灌河、浉河、白露河、潢河和竹竿河等；淮干北侧支流是坡水河道，湾多水浅，流速缓慢。全市河流水面面积共计3.7万hm^2，占全市总面积的1.96%（信阳市人民政府，2015）。市内土壤以黄棕壤及黏土较多。

（4）土地利用情况

根据信阳市人民政府2012年发布的《信阳市土地利用总体规划（2010—2020）》统计数据，信阳有耕地83.98万hm^2，其中灌溉水田面积62.93万hm^2，水浇地0.28万hm^2，园地6.7万hm^2；林地43.22万hm^2，森林面积为36.23万hm^2，森林覆盖率达32%。

（5）耕作制度、作物种类及生产情况

农作物以水稻、小麦为主，其次为豆类、花生、棉花、红薯、玉米等，耕作制度为稻麦两熟，稻草、玉米壳、黄豆壳等秸秆是信阳水牛主要的饲草，玉米、豆、薯类是用于补饲信阳水牛的主要精饲料（张斌等，2007）。信阳市内牧草资源丰富，荒山、草坡、河滩、林间草地面积超66.67万hm^2，是水牛的理想放牧场所。

二、品种来源及数量

1. 品种来源

信阳是信阳水牛的中心产区。据记载，1977年国家开始引进摩拉水牛、尼里-拉非水牛对国内水牛品种进行改良，信阳水牛也在改良之列（张斌等，2007），信阳地区各县相继建立配种站，挑选体躯高大、粗壮结实的优良种牛进行配种。引进的水牛先后分别饲养在信阳、潢川、息县等国营县改良站水牛场、地区冻精站及部分乡畜牧兽医站。改良的主要模式是摩拉水牛、信阳水牛、尼里-拉非水牛品种间的杂交和回交。改良信阳水牛占本地水牛饲养量的40%左右（张斌等，2007）。在配种法上，开始以本交为主，后来改为以人工授精为主。据不完全统计，30年来，引进良种水牛冻精累计配种达5万多头份，共生摩杂牛和尼杂牛约0.2万头。摩杂一代牛的主要外貌特征为体格高大，皮薄毛稀，呈暗黑色，颈下无白环，角短向后方弯曲，额面宽突，眼大有神，行动敏捷；体形结构匀称紧凑，背腰平直，胸宽而深，后躯宽广丰满，四肢直而开阔，姿势良好；蹄圆大坚实；胸垂、腹垂明显；乳房发达，乳静脉显露；尾较长，并有白梢。还具有适应性强、抗病力强、生长发育快、耐粗饲等特点。与杂交前相比，杂交后的信阳水牛，初生重和体尺均有所提高，生长发育快，经济效益提高近30%。

但由于没有建立保种场和划定保种区，该品种繁殖母水牛的数量急剧下降，纯种信阳水牛主要分布于交通不便的偏远山区。

2. 调查概况

2016年9～10月，信阳师范学院牛遗传育种调查组对信阳水牛的主产区——信阳市的罗山县和商城县信阳水牛的分布、数量、生产性能等状况进行了实地调查。首先，调查组在河南省信阳市罗山县畜牧局和商城县畜牧局了解20世纪八九十年代及近3年来两县信阳水牛的生长和生产数据、分布情况和饲养场区，确定调查地点；其次，调查组到信阳市罗山县信阳水牛养殖场测量信阳水牛的体尺，并到该场的放牧区及周边放牧区拍摄照片；此外，调查组还到光山县、商城县等6个县进行了逐一调查。通过调查发现，随着农业机械化的发展，信阳水牛从以前的以役用为主逐渐转变为以肉用为主，但基本没有固定的保种和饲养场，水牛的饲养和屠宰主要以散户为主，20世纪90年代以来，其存栏数呈现快速、持续下降趋势，由于长时间缺乏专业的保护和繁育，品种种质也在逐渐退化。

3. 群体数量规模和基本结构

经查阅资料可知，1981年，信阳水牛的存栏量约为29万头，到1987年，信阳水牛的存栏量约为28.05万头，适繁母牛为5.52万头（谢善修等，1993）；到2006年，存栏量约为46.12万头，适繁母牛为16.68万头（马云等，2009）。2006年，信阳水牛成年水牛的公母比例约为1：10，公牛数量在减少。6月龄以下水牛、6月龄～3岁的后备牛、12岁以下的繁殖母牛占全群数量的比例分别约为19%、29%和48%。表2.1是息县一家养殖场与浉河区董家港100头水牛的牛群结构状况。从表 2.1 可以看出，养殖场的繁殖母牛在牛群结构中明显增加，成年公牛在减少。根据本项调查发现董家港的 100 头水牛中，6 月龄以下的水牛占 19%，6 月龄~3 岁的后备牛占 29%，12 岁以下的繁殖母牛占 48%。息县养殖场 12 岁以下的繁殖母牛占 62%。由此可以看出养殖场的牛群结构中老、弱、残、病牛在减少，群体更趋年轻，体况普遍健壮。调查还发现董家港的水牛大都处于散养状态。

表 2.1 浉河区董家港和息县一家养殖场牛群结构对比表

年龄	性别	浉河区董家港（100 头）			息县养殖场（100 头）		
		头数	所占比例 /%	同龄所占比例 /%	头数	所占比例 /%	同龄所占比例 /%
0~6 月龄	公	9	9	47	7	7	54
	母	10	10	53	6	6	46
6 月龄~3 岁	公	14	14	48	15	15	39
	母	15	15	52	23	23	61
3~12 岁	公	27	27	54	13	13	28
	母	23	23	46	33	33	72
12 岁以上	公	1	1	50	2	2	67
	母	1	1	50	1	1	33

资料来源：马云等，2009

但是，据左春生和刘涛（2008）对信阳市浉河区十三里桥乡和谭家河乡的调查发现，以前每家每户均养有至少 1 头水牛，有的农户养有多头水牛，但在他们调查时，20 户农家也平均不到 1 头水牛，十三里桥乡和谭家河乡各只有 82 头和 87 头水牛。他们还走访了南阳市新野县和邓州市的五星、新甸、构林、刘集、魏莹等村镇，这些村镇总共只有 33 头水牛。由此可见，与 2006 年报道的 46.12 万头明显不符合。调查组也对信阳部分地区进行了实际调查了解，了解到的情况与左春生和刘涛（2008）的调查结果相对匹配。散养户的水牛寥寥无几，在罗山县的信阳水牛养殖场每年水牛的出栏量也仅为 100 多头。因此，信阳水牛的群体数量已严重下降，如果不加以保种，很可能濒临灭绝。

三、体形外貌

信阳水牛体形较大，体质结实，结构匀称，胸宽深，肋骨开张良好，背平直而宽，尻宽广而倾斜；皮肤为灰褐色，被毛稀疏而粗，蹄为灰色，颈下、胸前有白环，鼻镜为黑色；被毛贴身且短，无长毛和长覆毛、无底绒，无额部长毛，前额颈侧、胸侧无卷毛；头略长，额宽，角基粗大，呈方形，角尖略呈圆锥形，向外后上方弯曲。颈粗短，颈肩结合良好；尾短不过飞节，四肢短壮，蹄大坚实，蹄叉紧密（图 2.1）。

图 2.1　信阳水牛外貌
（信阳师范学院牛遗传育种调查组拍摄）

扫码见彩图

四、体尺、体重

1. 体尺指标和体重

　　20 世纪 80 年代中期开始引进国外优良品种对信阳本地水牛品种进行改良。表 2.2 显示了改良前（1985 年）后（1989 年）信阳水牛公、母牛的体尺变化情况。从表 2.2 中的数据可以看出，信阳水牛经改良后，体高、体斜长、胸围等体尺指标及体重均得到明显提高。随着信阳水牛在农业生产中的地位降低，以役用为目的饲养的水牛数量逐渐减少，因此，饲养者更注重水牛的膘情，水牛的整体营养水平得到提升，个体也较原来大。

表 2.2　不同年龄信阳水牛的体尺指标和体重调查结果

年份	年龄/岁	性别	头数	体高/cm	体斜长/cm	胸围/cm	管围/cm	体重/kg
1985	2	母	28	114.0	111.5	166.8	19.8	256.2
	2	公	18	121.2	122.8	172.7	21.2	299.8
1989	2	母	25	121.7	123.5	170.5	21.3	285.1
	2	公	23	140.4	138.6	175.6	22.5	322.1
2016	2	母	9	112.7	115.8	161.6	—	425.0
	2	公	5	129.0	146.0	194.6	—	492.2

资料来源：表中 1985 年、1989 年的数据来自谢善修等（1993），2016 年的数据为调查组测量所得

2．体尺指数和体躯结构

信阳水牛体尺指数的分析结果见表 2.3。

表 2.3　信阳水牛体尺指数比较

性别	年龄 / 岁	年份	头数	体斜长指数 /%	体躯指数 /%	胸围指数 /%
公	2	2016	5	103.56	144.74	149.90
母	2	2016	9	104.99	143.54	143.54

资料来源：表中数据为信阳师范学院牛遗传育种调查组测量所得

由表 2.3 可知，信阳水牛成年公牛和母牛的体斜长指数分别为 103.56% 和 104.99%，而胸围指数则分别为 149.90% 和 143.54%，说明信阳水牛的体形短且宽，这也体现了信阳水牛在役用方面的优势。

五、生产与繁殖性能

1．肉用性能

信阳师范学院牛遗传育种调查组于 2017 年初以 3 头 30 月龄屠宰的公水牛为材料，对信阳水牛的屠宰性能指标、肉质性状及生化指标等进行了测定与分析，结果分别见表 2.4 和表 2.5。

表 2.4　信阳水牛屠宰性能指标测定结果

指标	平均值	指标	平均值
活重 /kg	505.00	腰肌厚度 / cm	6.57
胴体重 /kg	217.71	大腿肌厚度 /cm	21.00
屠宰率 / %	43.11	背脂厚度 /cm	1.03
净肉重 / kg	166.90	腰脂厚度 /cm	0.93
净肉率 / %	33.05	骨重量 /kg	50.78
皮厚 /cm	1.57	肉骨比	3.29
眼肌面积 / cm^2	59.16		

表 2.5　信阳水牛部分肉质性状及生化指标测定结果

指标	平均值	指标	平均值
剪切力 / N	41.82±2.216	水分 / %	76.32±3.21
失水率 / %	35.77±1.65	粗蛋白 / %	21.82±1.10
熟肉率 / %	62.66±0.310	粗脂肪 / %	1.87±0.88

由表 2.4 和表 2.5 可知，信阳水牛肉营养价值较高，含有较高的粗蛋白和较低的粗脂肪，是较好的肉食来源，但是嫩度不理想。信阳水牛具有较好的肉用培育潜力，其产肉性能有待进一步开发。

2. 乳用性能

信阳水牛的乳用性能虽然未经过选育，但仍较好。信阳水牛的泌乳期为 7～8 个月，长则 10 个月；泌乳期间，日均产乳量为 3～5 kg；信阳水牛乳汁中的乳脂含量为 5%～10%，乳蛋白含量为 9.3%，乳脂率为 5.7%，干物质含量为 21%，滴定酸度为 180°T，比重（20℃）为 1.031（陈世震和郑海花，2004）。

3. 役用性能

长久以来，信阳水牛以役用为主。据文献记载，公牛的最大挽力为 412.2 kg，母牛为 386.43 kg，分别占体重的 70.49% 和 75.01%；每天平均可工作 7～9 h，可使用 15～18 年（殷明，2001）。

4. 繁殖性能

信阳水牛母牛在 1.5 岁左右初次发情，初配年龄为 2.5～3 岁，发情周期为 14～42 d，平均为 21.5 d，持续期为 1～3 d。发情季节多集中在 3～5 月和 7～8 月，产后第一次发情多为 32～84 d。大部分母牛 3 年 2 胎，繁殖使用到 16 岁，终生产犊 7～11 头。公牛 2 岁半便可配种，3～6 岁配种能力最强。

六、饲 养 管 理

信阳水牛成年牛以放牧为主，采食田间青草；夜间饲喂干稻草或收割的青草；饲喂原料随季节稍有变化，农忙耕作季节，可补饲适量玉米；秋季收割秸秆玉米，可制备成青贮料，待冬天牧草稀少时，补饲青贮料。犊牛自然哺乳，1 周后随母牛放牧，至 9 月龄左右断奶，很少补饲精饲料。产乳期母牛以圈养为主，以便于挤奶工作，每天放牧 4～5 h，母牛每天饲喂青草、青贮玉米、精饲料和秸秆。

冬季或初春季是信阳水牛饲养的关键时期，在此期间，水牛的体质较弱，如果饲养管理不善，甚至会发生死亡现象（张剑扬，2010）。因此，在冬季或初春季这一关键时期，应做到以下几点。

（1）抓好秋季膘情

秋季气候凉爽，牧草丰盛且营养价值高，应充分利用此时期延长水牛的放牧时间，尽量让水牛自由采食，使其膘情达到满膘，为越冬奠定基础。

（2）准备足够的越冬食物

在豫南秋收季节有丰富的稻草、豆荚、甘薯蔓、花生秧和野生牧草等饲料可供水牛越冬食用，所以在秋收之后应尽快把以上各种作物的秸秆、蔓秧和牧草收集起来，晒干贮备好，以供冬季使用。在贮草时尽量做到饲草种类多样化、贮藏量大，这样既可以提高饲料的营养价值，又能够增强其适口性，提高饲料消化率，进而对水牛越冬维持好的膘情有利。如果有条件，可将秋季收获的玉米秸秆制备成青贮料，可在冬季牧草缺乏时对水牛进行投饲。优质的青贮料不但鲜嫩多汁、适口性好，而且营养丰富，可满足水牛日常的营养需求。

（3）牛舍做好防寒保暖工作

信阳的冬季气候寒冷，因此入冬前要认真检修牛舍，为水牛做好御寒保暖措施，牛舍内应保持清洁干燥，如果有足够的场地，应为水牛准备运动场，以保证其在冬季有足够的运动和晒太阳机会。冬天晴日里应经常把牛牵到运动场的背风向阳区晒太阳，并刷拭牛体以促进牛体的血液循环，加强新陈代谢，保持皮肤清洁，有利于其生长和增强体质。经常刷拭牛体还可以达到人畜亲和的效果，便于管理。另外在适宜的环境条件（温暖无风）下，还要让牛做适当的运动，有利于消化和提高抗病力。

（4）抓好冬季的日常饲养

水牛入冬前，需要从青草放牧向枯草圈养过渡；到冬后期，水牛又从枯草圈养向青草放牧过渡。这两个过渡时期也很关键，要做到循序渐进，防止突然过渡，引起水牛应激，引发其肠胃不适。饲料应以青粗饲料为主，搭配精饲料，以做到饲料营养多样化。在饲喂方面，采取先精后粗、定量给予的模式。信阳水牛当前越冬的最主要问题是饲料单一、质量低（主要是稻草）、精饲料严重不足，尤其是粗蛋白不能满足水牛的生理要求。所以，最好采用各种饲草混合喂养的模式。另外，添加少部分熟黄豆或熟豆饼等其他粗蛋白含量高的精饲料，以补充水牛对饲料蛋白质的营养需求。最后还要注意各种饲料的品质，特别是对贮存饲料的贮藏和保管，防止霉败变质，严禁喂霉败变质的饲料。对于粗饲料还要进行切短处理，仔细清除饲草中的铁钉（丝）、玻璃片（渣）及其他不易消化的硬物，防止损伤网胃及出现创伤性心包炎。

（5）注意补充水分

冬季寒冷干燥，水牛耗水量大，饮水不足或饮水不及时是信阳水牛越冬困难的另一个主要问题。水牛机体缺水导致新陈代谢缓慢而掉膘，使机体抗病力下降。所以，采食之后应喂给充足清洁的温水，水温以10℃以上为宜。冬季寒冷季节最好给水牛饮用深井水，有条件的还可以补充0.1%食盐（按饲料干物质计算后溶水饮用）以增强抵抗力，严禁喂给污水、冷水或冰水，以防止牛体因缺水影响新陈代谢或继发胃肠疾病。

（6）做好日常管理工作

牛舍要防寒保暖、清洁干燥，冬季牛舍内要有足够的阳光照射和良好的保暖性能，保持牛舍干燥，为此，牛舍的建筑结构要合理，最好建成面南略偏东，以延长采光时间、增强采光效果，另外还可以防止发生穿堂风。牛舍和运动场的地面应以三合土为好，牛舍做到既能通风换气又能保持舍内温度，牛床铺垫3～5 cm厚，选择柔软、弹性好的垫草并经常进行更换，经常清理牛粪。虽然信阳水牛的抗病力强，但是如果饲养粗劣、管理粗放，也很容易在冬季发生口蹄疫、呼吸道疾病、疥癣、牛虱、风湿病等。为了防止这些疾病的发生，应多进行有针对性的预防接种，定期驱虫，彻底清扫和消毒牛舍及运动场。做好防寒保暖措施，防止风、雨、霜、雪的侵袭。对于患病牛只应以尽早治疗和精心管护相结合，使其尽快康复，减少损失。

七、科 研 进 展

对信阳水牛进行的科学研究相对有限，主要集中在两方面：一方面是遗传分子标记的筛选及其与信阳水牛生长性状相关性的研究；另一方面是对信阳水牛寄生虫病的调查研究。

（1）遗传分子标记的筛选及其与信阳水牛生长性状相关性的研究

近年来，信阳师范学院马云课题组先后对信阳水牛 *GHRH*、*GH*、*PRL* 等多个基因的 SNP 位点进行了检测，发现了多个 SNP 位点（徐永杰等，2012；吴海港等，2012；马云等，2011），其中，*PRL* 第 2 外显子的 1 个 SNP 位点（2947 G＞A）与信阳水牛坐骨端宽呈显著相关性（马云等，2011）。

（2）信阳水牛寄生虫病的调查研究

蠕虫分布广泛，种类繁多，且对水牛的危害严重。杨文明等（1993）在1991～1992 年，有计划、有步骤地对信阳地区水牛蠕虫病的发生、流行、危害等情况进行了调查并做了大面积的驱虫试验，共抽查了 250 头耕牛的粪便进行检查，发现信阳水牛的线虫检出率为 81.6%，吸虫检出率为 30.8%，绦虫检出率为10%，总的寄生虫检出率高达 81.6%。由此可见，信阳水牛寄生虫感染率较高。杨文明等（1993）结合信阳水牛当地饲养环境及管理条件等，对信阳水牛寄生虫病流行规律进行了分析。

1）环境气候因素：这次调查发现，地理环境、气候、温度、湿度不同，寄生虫的生长、发育、繁殖和分布都有所不同。例如，水塘、河沟多和低洼潮湿的地区信阳水牛感染吸虫比较多，浅山与丘陵多的地区感染线虫较多，平原和湖沼多的地区感染绦虫比较多。

2）饲养管理因素：牛舍建在阴暗潮湿、光线不足的地方，饲养以放牧为主，水牛感染蠕虫的机会就比较多。

3）年龄体质因素：体质瘦弱及从外地购进的牛，其虫卵检出率比较多；中年和膘情中等的水牛镜检中发现不少线虫虫卵。

4）季节因素：线虫多发生于3～10月，线虫卵检出率高，吸虫和绦虫多发生于夏秋两季。

对此，杨文明等（1993）也提出了建议：信阳地区每年要对水牛进行一次寄生虫普查和定期驱虫工作，这有利于控制和消灭寄生虫病的流行；使用物理法和化学药物消灭池塘边、浅水地方及青草、蔬菜叶上的绦虫中间宿主；蠕虫流行季节最好改放牧为圈养，防止感染；牛舍光线要充足，干燥通风，饮水要卫生，饮水最好用流动水和井水；水牛排出的粪便应堆积起来进行生物热处理。

马超锋（2013）对信阳水牛进行了调查，共发现球虫、圆线虫、鞭虫、绦虫、隐孢子虫5种肠道寄生虫，总感染率为72.8%，河南信阳地区6个县（区）球虫的平均感染率为64.8%，圆线虫为39.2%，鞭虫为3.4%，绦虫为4.0%，隐孢子虫为1.3%。信阳水牛寄生虫混合感染现象比较严重，混合感染率为58.6%，其中光山县的混合感染情况较严重。张广强（2016）对信阳水牛肝片吸虫病的情况进行了调查，并提出了相应的防治措施。

八、评价与展望

信阳水牛具有体形大，骨骼粗壮、结实，繁殖力较强，耐湿热，耐粗饲，性情温驯，抗病力、役用能力均较强，早期生长发育快等优良特性，是产区内的优势畜种。信阳水牛为信阳各县的农业生产和经济发展做出了较大的贡献，但一直未得到充分的保护和开发利用。近年来信阳水牛的群体数量在迅速减少。

1. 存在的问题

（1）存栏量明显下降

近年来，随着农业机械化程度的不断提高，信阳水牛的役用价值降低；农村经济结构调整，没有合适的草地进行放牧，也没有养殖空间；农作物效益降低，导致土地闲置，水牛的使用量也随之降低；农村青壮年多赴外地务工，留下的老人和儿童没有精力放牛；在自然条件下，信阳水牛的繁殖能力低、饲养周期长，经济效益不明显。因此，农民养牛的积极性也不高。而且，饲养水牛长期以来以耕地为主要目的，农民不愿意将其作为肉用家畜来饲养，加上其乳用性能差，饲养环境脏乱，因此农民也不愿意继续饲养水牛。此外，地方政府对信阳水牛生产的重视度不高，部分县区畜牧工作站处于瘫痪状态，信阳水牛得不到改良，其生产性能优势得不到发挥，经济效益低下。基于以上原因，信阳水牛的养殖量急剧下降。

（2）品种改良程度低

历史上，虽然曾引入外来优良水牛品种（如摩拉水牛和尼里 - 拉非水牛）进行品种改良，但由于缺乏专门的良种繁育场，改良主要在散养户中进行。因此，改良并不彻底，缺乏科学的改良方案及指导，导致改良一代或两代后，又与本地牛杂交，外来血统的比例越来越少，获得的优良性状也随之消失。

（3）缺乏良种繁育场

由于水牛饲养得不到应有的重视，政府扶持力度不够，养牛户普遍缺乏选种选配意识，饲养管理粗放，信阳水牛良种繁育场一直得不到建设。虽然在罗山县有一个小的饲养场，但规模较小，场内保种改良意识淡薄，对良种繁育缺乏基本的理论知识，基础母牛数量难以达到良种场的数量要求，繁育的小牛也多外售。

（4）信阳水牛乳业发展困难较大

信阳水牛多年来一直停留在保种的基础上，其优良的生产性能没有得到充分发挥。作为沼泽型水牛，多年来没有与优良的乳用型水牛如摩拉水牛、尼里 - 拉非水牛进行杂交改良。长期以来信阳水牛作为役用型水牛，形成了传统的分散式家庭饲养模式，而水牛乳业的开发需要规模化养殖。水牛乳是一种营养丰富、消化吸收率高的优质乳源，特别是富含人体必需的铁、锌、钙等微量元素；其脂肪、蛋白质和干物质含量是黑白花奶牛乳的 2~3 倍，营养物质含量和风味明显优于荷斯坦牛乳。然而，由于缺乏宣传，人们普遍缺乏该方面的知识，不习惯喝水牛乳。由于牛乳保鲜性不强，容易腐败变质，因此对收集、加工、销售等服务要求高。但水牛饲养户分散，又远离城市、尚未形成整套的产后服务体系，在一定程度上阻碍了规模场的形成（王瑞等，2007）。

2. 对策

（1）政府应加强对信阳水牛资源的保护力度

信阳水牛是一个古老的地方品种，具有优良的种质特性和宝贵的基因库。由于许多区县畜禽改良站撤销，水牛得不到保护和开发利用，养殖处于放任状态，基因退化严重，种群数量明显降低。而保种本身需要花费较多的财力、物力，普通的老百姓不会去做，也没有意识去做这件事情。因此，信阳水牛的保种必须要有政府的支持，必须重建良种繁育中心，组建核心群，保护群体基因，防止品种退化和优良基因库的消失。

（2）加快水牛资源的综合开发利用

信阳水牛具有体形大、适应性强、性情温驯、耐粗饲等优点，可借鉴其他地区的成功经验，适当引进摩拉水牛、尼里 - 拉非水牛进行轮回杂交，以改良信阳水牛向肉、乳用方向发展，提高其经济性能。

（3）大力引导和扶持规模化水牛养殖

水牛长期以役用为主，农民不习惯将其屠宰食肉。但信阳水牛有一定的乳用和肉用价值，特别是在改良后，其乳用和肉用价值将会得到一定的提高。信阳水牛在经济价值方面具有牛肉营养价值高、皮革质量好等特点。当前，牛的价格在持续上升，而水牛对饲养要求不高，且抗病力强，饲喂价格低廉的粗纤维秸秆饲料即可达到较好的效果，饲料报酬高。因此，应鼓励和引导农民发展规模化水牛生产，扩大水牛的发展范围和区域。政府应积极建立示范点，发展专业户，在政策上给予大力扶持，帮助解决具体困难、降低市场风险等。

（4）重建基层兽医队伍

为保证重大疫病得到及时防治，必须重建兽医队伍，降低养殖风险。加大科技普及力度，提高科技养牛水平，改善饲养管理，加强犊牛的培育。

（5）信阳水牛乳开发的应对措施

抓好品种改良工作，信阳水牛作为优秀的地方品种，如果要满足水牛乳的开发要求，必须要与世界上已经成熟的乳用型水牛——尼里-拉非水牛进行杂交改良。这项工作可以在光山水牛场的基础上，由当地的畜牧局和科研院所开展。我国对中国水牛乳业的发展极为重视，明确了"中国乳牛，北方一块，南方一块，北方是黑白花，南方是乳水牛"的观点。政府应扶持、建全相关配套措施。在信阳水牛乳业发展初期，政府要给予资金扶持，银行给予政策性优惠信贷，争取国际有关组织援助。在进行市场充分调研的前提下，引导投资者健全生产、加工、贸易等关键环节（王瑞等，2007）。

随着农业机械化水平的不断提高和农业现代化的逐步实现，信阳水牛的用途必须从役用进行转型。信阳水牛作为优良的本地畜禽资源，其主要发展方向应为：针对信阳水牛乳业和肉产品进行开发及利用。在加强畜牧意识，科学引种，开展多种形式的保种、育种工作的同时，还应做到以下三个方面：①建立信阳畜禽品种资源监测与评估体系；②建立各种牛品种种质检测中心；③加强保护区、养殖区的建设。

信阳作为河南省的南部城市，拥有便利的交通优势及饲养水牛的传统，具备丰富的饲料来源和充沛的人力资源。如果能够将水牛乳、肉产业发展起来，至少可以解决三个方面的问题：①改变信阳人民的牛乳、牛肉低消费水平，提高当地人口的身体素质；②转移农村剩余劳动力，带领农民走上致富之路；③发展地方特色经济，带动当地经济整体发展。当然，信阳水牛乳、肉产业的开发及利用，非一朝一夕之功，需要当地政府做好引导与扶持工作，科技部门做好技术支撑工作。只有这样，信阳水牛养殖业才会真正成为带动地方经济发展的朝阳产业。

参 考 文 献

陈世震，郑海花. 信阳水牛［S］. 河南省地方品种标准（DB 41/T395—2004）.

滑留帅，陈宏，杨奇，等. 2008. 固原地区秦川牛及其利杂群体屠宰性能的研究［J］. 中国牛业科学，（5）：1-4.

李助南，柳谷春. 2010. 江汉水牛屠宰性能的测定［J］. 湖北农业科学，（11）：2861-2863.

鲁训生，余纯凌. 2000. 我国优良地方牛品种——信阳水牛［J］. 中国牧业通讯，（3）：24.

马超锋. 2013. 信阳水牛肠道寄生虫感染情况［J］. 江苏农业科学，41（11）：243-244.

马云，王伍，梁小娟，等. 2011. 信阳水牛 PRL 基因单核苷酸多态性与生长性状的相关性［J］. 湖南农业大学学报（自然科学版），37（6）：645-649.

马云，左春生，王启钊，等. 2009. 信阳水牛种质资源调查与研究［J］. 江苏农业科学，（4）：270-272，283.

陶亮，李进波，张亚丽，等. 2014. 德宏水牛肉质研究［J］. 食品工业，（7）：61-65.

王瑞，刘涛，赵聘. 2007. 河南省信阳市水牛乳业开发前景分析［J］. 上海畜牧兽医通讯，（2）：70.

吴海港，梁小娟，石亚飞，等. 2012. 信阳水牛 GH 基因多态性与部分生长性状的相关性［J］. 信阳农业高等专科学校学报，22（3）：88-91，100.

谢善修，李国朴，殷明. 1993. 信阳水牛品种选育试验报告［J］. 河南农业科学，（3）：30-31.

徐永杰，吴海港，姚瑾，等. 2012. 信阳水牛 GHRH 基因第二外显子的 SNPs 检测［J］. 中国牛业科学，38（4）：1-5.

杨文明，魏爱枝，陈真文，等. 1993. 信阳地区水牛寄生蠕虫的调查报告［J］. 河南畜牧兽医：综合版，（1）：27-29.

殷明. 2001. 信阳水牛［J］. 中国草食动物，34（2）：14-17.

张斌，胡建新，费杰，等. 2007. 关于信阳水牛品种的杂交改良和开发利用［J］. 中国畜禽种业，（3）：37-38.

张广强. 2016. 信阳水牛肝片吸虫病的诊治报告［J］. 湖北畜牧兽医，37（4）：32-33.

张剑扬. 2010. 信阳水牛冬季饲养管理技术［J］. 郑州牧业工程高等专科学校学报，30（1）：33，37.

左春生，刘涛. 2008. 信阳水牛数量下降的原因和对策［J］. 信阳农业高等专科学校学报，18（1）：130-131.

调查人：马云、黄洁萍、郝瑞杰、陈宁博、韩爽、李信、汪书哲、郑秋枝、李芬

当地畜牧工作人员：吴天岭、胡建新、林琳、郑先银、黄继林、韩彬

主要审稿人：张英汉、陈宏

第三章

大别山牛

大别山牛（Dabieshan cattle）是役肉兼用型的一个优良地方品种，以分布于大别山而得名，其产于湖北大别山西部的黄陂、大悟、英山等地和安徽大别山东部的金寨、岳西、六安等地。

大别山牛的被毛以黄色为主，其次是褐色，少数为黑色。腹下、四肢、尾部的毛色稍浅，呈粉色，毛细短，平滑光亮。鼻镜肉为红色、黑色或红黑相间。蹄为蜡色、黑褐色黑褐纹、灰色或黑色。角形多样，肩峰明显，多为肥峰型，垂皮发达，胸宽深，前躯稍高于后躯，四肢强健，蹄质坚实。成年公牛的平均体高为 117.62 cm，体斜长为 125.99 cm，胸围为 164.42 cm，体重为 332.84 kg；成年母牛的平均体高为 110.08 cm，体斜长为 122.90 cm，胸围为 154.95 cm，体重为 284.35 kg。

为了保存、提高这一地方黄牛品种资源，应建立大别山牛保护区和良种繁育体系，并开展试验研究，搞好提纯复壮。同时大力推广冻配改良技术，选择最佳杂交组合方案，发挥杂种优势，向役、肉、乳型方向发展，从而合理开发利用大别山牛这一宝贵资源，以满足人民的生活需要。

一、一般情况

1. 品种名称

大别山牛已被列入《中国畜禽遗传资源志：牛志》，是役肉兼用型的一个优良地方品种。

2. 中心产区和分布

大别山牛以分布于大别山而得名，其产于湖北大别山西部的黄陂、大悟、英山、罗田、红安、麻城和安徽大别山东部的金寨、岳西、六安、舒城、桐城、潜山、太湖、宿松等地。

3. 产区的自然生态条件

（1）地貌与海拔

产区属大别山南麓，位于东经114°9′～114°37′，北纬30°40′～31°22′。大别山牛中心产地的海拔一般在52～623.9 m，少数山峰高达700～800 m。产区内山脉逶迤起伏，山高坡陡，溪谷交错，水田分布于冲垄，多为坡田和小块梯田。山体主要由元古代-中生代花岗岩、片麻岩、闪长岩组成。土壤为砂泥土，质地松，易板结。旱地面积更小，俗称"牛眼睛地"，为麻骨土和砂土，土层瘠薄。由于田块小，多饲养黄牛作为耕牛，并逐渐成为黄牛的集中产区，大别山牛体形中等、行动敏捷，适于小块田和水、旱兼作。

（2）气候

产区属亚热带季风气候，年平均气温为15.6～16.4℃，极端最低温度为-10.9℃，极端最高温度为39.6℃。全年降水量为1000～1200 mm，雨量充沛，年无霜期为244～247 d。耕地面积为全境面积的26.4%。农作物以水稻为主，同时生产玉米、花生、小麦、油菜等，产区内千亩以上的草山草坡13处，牧草在坡岗、山冲等地带，覆盖率高达80%以上，大别山牛在春秋两忙时日耕作8 h，可耕作面积达1627～1733 m²。

（3）水源和土质

产区内的淡水资源总量为14.7亿 m³/年，地表水资源为10.9亿 m³/年，地下水资源为3.8亿 m³/年。主要河流有滠水、界河、府河和注入北湖的5条河流，多为南北流向，支流众多，纵横交织。沿河平原多属黄黑色壤性土，土质肥沃。

（4）土地利用情况

中心产区的耕地面积为826.7 km²，山林（含草地、园地）为626.7 km²。

（5）耕作制度和作物种类

农作物主要有水稻、大麦、小麦、豆类、薯类等，年产粮食80万 t，油料作物2.5 t，年产牧草及作物秸秆8亿 kg。耕作制度为一年一作。

（6）品种对当地自然生态条件的适应性和疾病情况

产区由于气候条件好，水热资源丰富，农作物产量高，农副产品与牧草多种多样，为大别山牛提供了良好的饲养条件。大别山牛适应性强，耐粗饲，耐受高温、高湿，并能抗寒。大别山牛合群、易饲养，经改良后杂交优势明显，抗病力强，是我国优良的地方品种之一。

二、品种来源及数量

1. 品种来源

据文献记载，南北朝北齐年间（公元 550～577 年），大别山地区已开始饲养耕牛，至今饲养历史有 1400 多年，是当地农民长期自发选种形成的地方品种。1959 年，湖北省进行地方良种调查时，将当地黄牛命名为黄陂黄牛。1982 年 9 月，《中国牛品种志》编写组会同鄂、皖两省有关地区、县畜牧行政单位和科技人员经实地考察后，一致认为鄂、皖两省大别山地区的黄牛属同种异名，经省级定名为大别山牛。

2. 调查概况

本次调查从 2016 年 8 月初开始，历时两个月对湖北和安徽的大别山牛进行了实地调查，调查步骤如下：①在学术刊物上检索有关大别山牛的文献资料；②在湖北省农业科学院畜牧兽医研究所及安徽金寨县畜牧局查得 20 世纪 80 年代有关大别山牛的调查资料及近 3 年的存栏量报表，确定调查的地点；③在金寨县南溪镇大别山牛保种场共测定（采集）67 头大别山牛种牛的体尺数据，并拍摄照片；④针对 1981 年的普查结果、2012 年湖北省农业科学院的调研结果和安徽省农业科学院报道大别山牛的资料，对大别山牛的分布进行调查，并对大别山牛的中心产区进行重点调查。通过调查发现，现今大别山牛的数量有所下降，分布范围在逐步缩小。

3. 群体（纯种）数量及近 15～20 年的消长形势

1）2012 年底，共存栏大别山牛 25 万头，其中基础母牛占群体的比例约为 51%，青年母牛占 13%，犊牛占 15%，公牛占 21%。

2）本交是大别山牛的主要繁殖方式，人工授精、冻精授精等也常使用。在本交方式下，一般每头公牛可覆盖 35 头母牛的配种任务。全群的公牛比例估计在 20% 左右，用于纯种繁殖的母牛占群体的 40%。

3）2006 年末中心产区的饲养量为 30 万头。

4）母牛 1～1.5 岁时有明显的发情征候，发情持续期为 2～3 d，发情周期平均为 23 d。妊娠期为 245～308 d，平均为 274.6 d。母牛可以常年发情，但旺期为 5～7 月。公牛使用配种的年龄为 2.5 岁以后。因饲养管理粗放、发情周期等受营养影响，故繁殖率不稳定。

据统计资料，1980 年大别山牛存栏 19 770 头，1990 年存栏 21 192 头，2000 年存栏 29 597 头，2012 年存栏 25 万头。2016 年调查显示，大别山牛的数量不足 5 万头（图 3.1）。

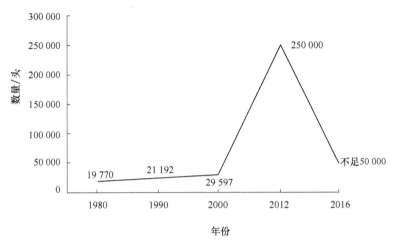

图 3.1　大别山牛养殖规模变化图

4. 濒危程度

大别山牛在长期役用过程中，形成了耐粗饲、耐高温、抗寒、适应性强等优良特性。但也存在很多问题，如近年数量急剧下降、对大别山牛选育重视和宣传程度不够、产业化程度不够等缺点。

三、体 形 外 貌

1. 毛色、肤色、蹄角色与分布

大别山牛的被毛以黄色为主，其次是褐色，少数为黑色；腹下、四肢、尾部的毛色稍浅，呈粉色，毛细短，平滑光亮；鼻镜肉为红色、黑色或红黑相间；蹄为蜡色、黑褐色、灰色或黑色。被毛为贴身短毛或短毛，额部无长毛。

2. 整体结构与分布

大别山牛角形多样，肩峰明显，多为肥峰型，垂皮发达，胸宽深；大别山牛母牛前躯稍高于后躯，四肢强健，蹄质坚实。各部位发育匀称，1 岁以前后躯高于前躯，2 岁时基本接近，3 岁以后前躯高于后躯。

3. 头部特征与类型分布

公牛头方额宽，颈粗而短，肩峰明显，垂皮发达，胸深宽；母牛头部狭长而清秀，颈较薄长，垂皮长，宽鬐甲较低而薄。

4. 前躯特征与分布

肩峰明显，胸深宽，肋骨明显拱起，后躯较宽而稍斜。全群牛肩峰适中，颈垂及胸垂小。

5. 中后躯特征及分布

公牛腰背平直，胸深广，肋骨拱起，腹部圆大，无垂腹、草腹（图3.2）。母牛肷部充实，后躯宽平，尾毛细长蓬松（图3.3）。全群牛均无脐垂，尻部短而斜，尾毛细长蓬松，尾梢颜色为棕黄色。

扫码见彩图

图 3.2　大别山牛公牛
（调查组于 2016 年拍摄）

扫码见彩图

图 3.3　大别山牛母牛
（调查组于 2016 年拍摄）

四、体尺、体重

1. 成年公牛、母牛的体尺及体重

对 12 头成年公牛、55 头成年母牛的体尺、体重测定结果见表3.1。

表 3.1　大别山牛体尺、体重表

性别	测定数量 / 头	体高 /cm	体斜长 /cm	胸围 /cm	管围 /cm	体重 /kg
公	12	117.62	125.99	164.42	17.36	332.84
母	55	110.08	122.90	154.95	16.00	284.35

资料来源：国家畜禽遗传资源委员会，2011

2．体态结构

根据表 3.1 的结果进行计算，得出大别山牛体态结构指标统计结果，见表 3.2。

表 3.2　大别山牛体态结构统计表　（单位：%）

性别	体斜长指数	胸围指数	管围指数
公	107.12	139.79	14.76
母	111.65	140.76	14.53

五、生产与繁殖性能

1．产肉性能

用 1.5～2 岁的大别山牛公、母牛各 1 头，在自然放牧未经补饲育肥、膘情中等的条件下屠宰，测定结果见表 3.3、表 3.4。

表 3.3　大别山牛肉用性能指标测定结果

性别	屠宰重 /kg	胴体重 /kg	屠宰率 /%	净肉率 /%	肌肉厚 /cm	脂肪厚 /cm	肉骨比	眼肌面积 /cm^2
公	332.40	158.43	47.66	37.25	16.20	0.67	4.39：1	87.40
母	214.07	110.89	51.80	40.62	12.70	1.03	4.80：1	61.10

资料来源：国家畜禽遗传资源委员会，2011

表 3.4　大别山牛胴体肌肉主要化学成分测定结果　（单位：%）

性别	水分	蛋白质	脂肪	灰分
公	75.70	21.90	0.80	1.00
母	74.60	21.80	1.60	1.02

资料来源：国家畜禽遗传资源委员会，2011

2．役用性能

（1）特定土壤条件下的日耕耙工作量

大别山牛主要用于犁田、耙田、耕田、打场，集中于每年的春秋两季，全年使役时间约为 100 d，每天耕地面积则依土壤性质、耕作项目而定，一般体质的牛可耕麦田 2000～2667 m^2/d，比较瘦弱的牛约耕 1333 m^2/d，可持续 30～45 d。分别在气温 27～30℃和 40～41℃的条件下，用公牛 3 头、母牛 3 头做耕地测定，公牛平均耕地 300（247～340）m^2/h，母牛耕地 240（167～293）m^2/h。

（2）特定路况下的挽曳工作量

大别山牛有较强的挽力，用公牛 14 头、母牛 10 头进行测试，平均最大挽力分别占体重的 138.6%、113.8%。

（3）驮载、骑乘劳役一般速率

载重 1000～1500 kg，每小时行走约 4 km。

3. 繁殖性能

1）性成熟年龄：公牛为 18.25 月龄，母牛为 26 月龄。

2）初配年龄：公牛为 21.3 月龄，母牛为 22.5 月龄。

3）繁殖季节：全年各阶段均有发情，多集中在 2～6 月。

4）发情周期：17～32 d，平均为 23 d。

5）妊娠期：平均为 274.6 d。

6）犊牛出生重：公犊平均为 19.75 kg，母犊平均为 19.86 kg。

7）犊牛断奶重：公犊平均为 57 kg，母犊平均为 57.4 kg。

8）哺乳期日增重：公犊哺乳期日增重为 250.5 g，母犊为 251 g。

9）犊牛成活率：93.9%。

10）犊牛死亡率：6.1%。

六、饲 养 管 理

1. 饲养方式

大别山牛的饲养方式一般为季节性放牧。因为大别山牛的产区在大别山区，草山草坡地多，牧草覆盖率高，气候条件良好，牧草品种丰富，所以在青草季节适合放牧，在冬春等枯草季节采用补饲的饲养方式。

2. 舍饲与补饲情况

在大别山牛的饲养过程中，多采用精饲料＋秸秆的补饲方式。精饲料一般就地选择农副产品，如玉米、米糠、三等粉等，配合秸秆、青干草等作为枯草季节饲养的主要饲料。

3. 管理难易

大别山牛的饲养管理简单，在生产过程中很少发生难产现象。

七、科 研 进 展

1. 研究工作

截至 2017 年 6 月，大别山牛的研究工作有：①分子遗传多样性及种群遗传特征分析；②线粒体基因多态性分析研究；③专门化肉牛改良大别山牛育肥效果研究；④蛋氨酸铜对隐性发情大别山牛繁殖性能影响的研究等。

2. 保种场建设与品种登记制度

1）提出过保种和利用计划：1984 年安徽省制定了《大别山黄牛》地方标准，在安徽省太湖县久鸿农业综合开发有限责任公司和湖北省黄陂区木兰黄牛养殖场设有大别山牛省级保种场。当地也利用大别山牛与西门塔尔牛等品种进行杂交改良，用大别山牛作为受体进行奶牛胚胎移植。

2）建立了品种登记制度：从 1982 年开始，由黄陂县品种改良站（现黄陂区畜禽品种改良站）负责这项工作。

八、评价与展望

大别山牛是耐劳、性情温驯、体形大的役用品种。随着农业和农村经济的快速发展，农业机械化程度的不断提高，大别山牛的劳役负担逐步减轻，加之饲养管理条件有很大的改善，其体形增大、体重增加，已由单一役用逐步向役肉和乳役方面转变。近年来，黄陂区在部分乡镇开展了大别山牛的杂交改良，其中利用西门塔尔牛杂交的杂交一代商品牛，增重速度、饲料报酬、肉质风味等优势显著，市场十分俏销。同时开展了利用大别山牛作为受体、移植荷斯坦奶牛胚胎来生产奶牛的工作。

为了保存、提高这一地方黄牛品种资源，应建立大别山牛保护区和良种繁育体系，大力推广冻配改良技术，选择最佳杂交组合方案，向役、肉、乳型方向发展，从而合理开发利用大别山牛这一宝贵资源。

参 考 文 献

丁旭，肖海霞. 2013. Weitzman 方法在畜禽遗传资源保护上的应用［J］. 草食家畜，（5）：26-29.

耿社民，常洪，秦国庆，等. 1994. 亚洲部分牛种间类缘关系的研究［J］. 黄牛杂志，20（增刊）：10-12，22.

国家畜禽遗传资源委员会. 2011. 中国畜禽遗传资源志：牛志［M］. 北京：中国农业出版社.

蒋遂安，王忠红. 2009. 推荐三个役肉兼用地方牛良种［J］. 农村百事通，（11）：40-41.

李晓锋，索效军，熊琪，等. 2013. 黄陂黄牛调查报告及发展建议［J］. 中国牛业科学，
　　39（3）：53-56.

林怡，沈伏生，罗文胜，等. 1986. T淋巴细胞酯酶标记染色法的改进［J］. 中国兽医科技，
　　（10）：33-35.

刘刚. 2015. 皖东牛已申请国家级地方牛品种［J］. 中国畜牧兽医报，（11）：1-2.

刘焱方. 1994. 耕牛大叶性肺炎的诊断与防治［J］. 湖北畜牧兽医，（3）：31.

毛永江. 2006. 中国牛亚科家畜六个群体遗传多样性与遗传分化及其统计方法的研究［D］.
　　扬州：扬州大学博士学位论文.

毛永江，杨章平，Pinent T，等. 2006. 边际多样性分析方法在中国黄牛品种保护中的应
　　用［A］// 中国畜牧业协会. 首届中国牛业发展大会论文集［C］. 兰州：113-120.

孟彦，许尚忠，昝林森，等. 2006. 10个牛品种线粒体12S rRNA基因多态性分析［J］. 遗传，
　　28（4）：422-426.

秦国庆. 1994. 中国黄牛品种分类及其遗传资源研究进展［J］. 黄牛杂志，20（2）：55-59.

童碧泉，李仁明，余子明，等. 1983. 黄陂黄牛、枣北黄牛、郧巴黄牛产肉性能的测定［J］.
　　湖北畜牧兽医，（3）：28-31.

涂正超. 1996. 中国黄牛六个毛色座位的遗传分化［J］. 西北农业学报，5（2）：43-46.

王力峰. 2016. 黄陂区巨菌草栽培与种养配套模式试验分析［J］. 中国畜牧兽医文摘，32(7)：
　　218，236.

韦善书. 1984. 论我省水牛［J］. 华中农学院学报，（2）：58-60.

文东东. 2013. 基于光谱技术的牛肉新鲜度检测模型维护方法研究［D］. 武汉：华中农业大
　　学硕士学位论文.

文东东，李小昱，赵政，等. 2012. 不同品种牛肉新鲜度光谱检测模型的维护方法［J］. 食品
　　安全质量检测学报，3（6）：621-626.

徐磊，贾玉堂，赵拴平，等. 2016. 蛋氨酸铜对隐性发情大别山牛外周血生殖激素分泌的影
　　响［J］. 中国牛业科学，42（6）：32-38.

许尚忠，高雪. 2013. 中国黄牛学［M］. 北京：中国农业出版社.

许尚忠，高雪，任红艳，等. 2006. 中国黄牛遗传资源的保护、开发和利用［J］. 当代畜禽养
　　殖业，（5）：39-41.

许昕，邢建成，黄红梅，等. 2010. 利木赞、夏洛来改良大别山牛育肥效果观察［J］. 中国牛
　　业科学，36（2）：11-12.

张文举，吕永锋. 1998. 中国黄牛毛色遗传标记的研究进展［J］. 甘肃畜牧兽医，28（4）：
　　29-31.

张自富. 2006. 中国部分地方黄牛品种遗传多样性评估 [D]. 咸阳：西北农林科技大学硕士学位论文.

张自富，昝林森，王志刚，等. 2007. 14个中外黄牛品种的遗传多样性分析 [J]. 西北农林科技大学学报（自然科学版），35（2）：27-32.

周良驯. 1979. 盱眙母水牛的生殖生理特性的观察 [J]. 江苏农业科学，（3）：50，53-56.

调查人： 刘洪瑜、马云、韩爽、汪书哲、赵金辉、李芬
当地畜牧工作人员： 蓝延坤、李晓锋、林燕
主要审稿人： 张英汉、陈宏

第四章

枣 北 黄 牛

枣北黄牛（Zaobei cattle）主要分布于湖北枣阳、襄阳、老河口、随州等地区的北部，因主产区在枣阳北部而得名。

枣北黄牛是当地黄牛与南阳牛长期混血并受当地条件影响而形成的，是湖北省优良的地方黄牛品种。枣北黄牛成年公牛的平均体高、体斜长、胸围、管围和体重分别为 127.8 cm、140.7 cm、176.3 cm、19.8 cm 和 408.1 kg；成年母牛分别为 126.8 cm、146.2 cm、178.7 cm、18.3 cm 和 437.8 kg。枣北黄牛体质强壮、结实，结构匀称，肌肉发达，耐粗饲。

1985 年和 2004 年，枣北黄牛被确定为湖北省地方牛品种，并载入《湖北省家畜家禽品种志》，是一个肉役兼用型的优良地方品种。

一、一 般 情 况

1. 品种名称

枣北黄牛主产于湖北枣阳鹿头、新市、太平、刘升、吴店、环城等乡镇，分布于湖北枣阳、老河口、襄阳、随州 4 个县、市，是湖北省唯一一个属中原黄牛类型的地方优良黄牛品种，因主产区在枣阳北部而得名。产区与河南南阳的唐河、新野、邓州等相邻，地形地貌、耕作制度、饲养方式等相近，历史上南阳牛和枣北黄牛互相交流，南阳牛对枣北黄牛品种的形成有较大的影响（丁山河和陈红颂，2004）。

2. 中心产区和分布

产区属于鄂北岗地，与河南的南阳盆地相连，地貌以岗地、平原和丘陵为主，海拔在 70～780 m。产区属亚热带大陆性季风气候，受东南季风影响，常年湿润多雨，四季分明。最高气温为 40.8℃，最低气温约为 15.8℃，年平均气温为 15.4℃，湿度为 73%，年无霜期为 228 d，年降水量为 889 mm。土壤以黄黏土为主。农作物主要有小麦、水稻、玉米、棉花、甘薯，还有大麦、油菜、花生等，以麦稻两熟为主。草山草坡较多，牧草及农作物秸秆资源丰富（李洪昭等，1999）。

3. 产区的自然生态条件

枣阳，湖北省直辖、襄阳市代管县级市，位于湖北省西北部，唐白河入汉水汇合处的东部；东与随州接壤，西与襄阳毗连，南与宜城为邻，北与河南唐河相连，东北与河南桐柏交界，西北与河南新野为邻。枣阳的总面积为 3277 km²，截至 2016 年末，下辖 3 个街道、12 个镇，总人口达 120 万。2016 年，该市实现地区生产总值 580 亿元，与 2015 年相比增长 9.9%。枣阳的地形以丘陵、岗地为主，东北和南部分属桐柏山、大洪山余脉，丘陵起伏，地势由东北向西南倾斜；属亚热带大陆性季风气候，冬冷夏热，春秋温和，四季分明，雨量适中。

随州奇特的地势和复杂的地形，形成了良好的地势特点和复杂的地貌观：山脉与河流交错，山谷与坡地相衔接，丘陵与平地呼应，有"万山千泉百洞"之称。随州的北面是属于淮阳山脉西段的桐柏山，其主峰太白顶的海拔为 1140 m，西南面是褶皱断块山大洪山，其主峰宝珠峰的海拔为 1055 m。其间为丘陵和坡地，中部是一条西北—东南走向狭长的平原，称为随枣走廊，这是古今南北交往的一条重要通道（刘臣华等，2008）。

二、品种来源及数量

1. 品种来源

枣阳北部与河南南阳地区相连，历史上南阳牛和枣北黄牛互相交流，所以南阳牛对枣北黄牛品种的形成有较大的影响。一般认为，枣北黄牛是当地黄牛与南阳牛长期混血，并受当地丰富的饲料条件、农业生产养牛的需要、有意识地选种选配及重视饲养管理等因素影响的结果（丁山河和陈红颂，2004；邱怀等，1988）。

出产于枣阳北部的枣阳黄牛，体形结构匀称，皮薄坚韧，毛短光滑，骨骼粗壮，肌肉发达。黄牛肉质细密紧致、细嫩，味道鲜美，营养丰富，在当地久负盛名，市场前景广阔。

2. 调查概况

本次调查从 2017 年 8 月初开始，历时两个月对湖北枣阳和随州的枣北黄牛进行了实地调查，调查步骤如下：①在学术刊物上检索有关枣北黄牛的文献资料；②在湖北省农业科学院畜牧兽医研究所及随州市畜牧局查得 20 世纪 80 年代有关枣北黄牛的调查资料，确定调查的地点；③在随州枣北黄牛国家核心育种场共测定（采集）40 头枣北黄牛种牛的体尺数据，并拍摄照片；④针对 1981 年、2002 年的普查结果及 2012 年湖北省农业科学院的调研结果，对枣北黄牛分布进行调查，并对枣北黄牛中心产区重点调查。通过调查发现现今枣北黄牛数量有所下降，分布范围在逐步缩小，主产区由枣阳向东南方向的随州市迁移。

3. 群体（纯种）数量及近 15～20 年的消长形势

1）1981 年底统计，枣北黄牛有 1.59 万头。

2）2002 年调查统计，枣阳市主产区 6 个乡镇存栏枣北黄牛 80 635 头，占黄牛总数的 79.76%，襄阳 8 个乡镇存栏 9096 头，占黄牛总数的 12%，枣北黄牛总存栏数为 9.75 万头。

3）2012 年底，共存栏枣北黄牛 3.1 万头，其中基础母牛占群体的比例为 66%，青年母牛占 10%，犊牛占 21%，公牛（包括阉牛）占 3%。

4）2017 年调查，枣北黄牛存栏数为 2.5 万头。

枣北黄牛从 20 世纪 80 年代至今数量消长形势变化情况如图 4.1 所示。

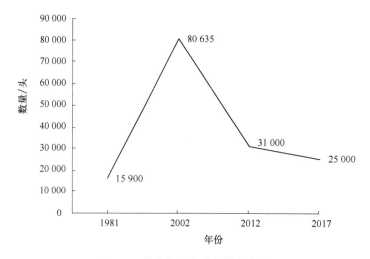

图 4.1　枣北黄牛养殖规模变化图

三、体 形 外 貌

公牛个体较大，毛色纯，头四方，肩峰高，脖子粗短，背腰平，胸宽深（图 4.2）；母牛屁股大，性温驯，乳头大且排列整齐，繁殖力强（图 4.3）。枣北黄牛的毛色以浅黄、红、草白为最多，四肢、阴户下部与胸腹底部的毛色较淡，背线及胸腹两侧的色泽最深；无白斑、晕毛、沙毛及季节性黑斑，鼻镜、眼睑、乳房呈黑色或粉红色，蹄、角多呈黑褐色，尾梢呈黄色。角形以迎风角为多（李晓锋等，2013）。该牛体形中等偏大，结构匀称，皮薄毛细，骨骼较粗壮，肌肉发达结实，胸较宽深，腹大而圆，背腰较平，尻部稍斜，四肢干燥有力。母牛头较窄长、清秀，颈细长平直，乳房发育较好（图4.3）；公牛头方额宽，颈粗短，肩峰发达（图4.2）。枣北黄牛皮坚韧，毛短光滑，骨骼粗壮，肌肉发达（李晓锋等，2015）。

图 4.2　枣北黄牛公牛　　　　　　　图 4.3　枣北黄牛母牛
（调查组 2016 年拍摄于湖　　　　　　（调查组 2016 年拍摄于湖
北枣北黄牛核心育种场）　　　　　　北枣北黄牛核心育种场）

 扫码见彩图　　　　　　　　　扫码见彩图

四、体尺、体重

　　枣北成年牛的体尺数据见表4.1，这是根据《中国牛品种志》和湖北省畜牧局及湖北省农业科学院的调查结果来做的统计分析。从表4.1中可以看出，相对于1986年，2002年和2012年枣北黄牛成年公牛和母牛的体重和体尺都有所增长。

表 4.1　不同时期枣北黄牛成年牛的体重和体尺

项目	公牛			母牛		
	1986 年	2002 年	2012 年	1986 年	2002 年	2012 年
头数	123	41	11	150	298	46
体重 /kg	402.4±5.6	406.8±56.2	408.1±67.6	303.9±4.4	311.8±54.4	437.8±92.3
体高 /cm	126.6±0.7	128.5±7.1	127.8±5.7	115.2±0.9	118.9±6.4	126.8±8.0
体斜长 /cm	139.1±0.8	141.2±10.4	140.7±11.1	128.9±0.8	132.3±14.6	146.2±14.1
胸围 /cm	174.4±1.0	176.8±9.5	176.3±8.7	157.2±1.2	159.5±14.1	178.7±11.5
管围 /cm	18.9±0.1	19.0±0.9	19.8±2.6	16.6±0.1	16.8±1.0	18.3±1.7

　　资料来源：1986年的数据引自邱怀等（1988）；2002年的数据引自丁山河和陈红颂（2004）；2012年的数据为湖北省农业科学院畜牧兽医研究所于2012年10月在枣阳市、襄阳市、老河口市的调查结果，参见李晓锋等（2013）

五、生产与繁殖性能

1. 产肉性能

　　枣北黄牛是中原黄牛中的优良中型品种之一，其体质强壮结实，结构匀称，肌肉发达，耐粗饲，且体形中等偏大，皮薄毛细，骨骼较粗壮，肌肉发达结实，胸较宽深，腹圆大，背腰尚平，尻部稍斜，四肢有力。公牛头方，颈粗短，肩峰发达；母牛头较窄长、清秀，颈细长平直，乳房发育较好。在一般饲养管理条件和体况一般的情况下，屠宰率为 47.39%，净肉率为 36.25%，肉骨比为 4.32∶1，眼肌面积为 56.45 cm²。黄牛肉质细密紧致，味道鲜美，营养丰富，市场前景广阔（《湖北省家畜家禽品种志》编辑委员会，1985）。

2. 产乳性能

　　枣北黄牛的产乳量相对较大，这不仅与生态自然条件有关，还与其自身因素有较大关系（王根林等，2000）。母牛头较窄长、清秀，颈细长平直，乳房发育较好，有利于产乳。

3. 繁殖性能

　　枣北黄牛公牛一般在 2 岁后开始配种。母牛的初情期为 8～14 月龄，发情周期为 15～20 d，持续期为 2～3 d，妊娠期一般为 270～290 d，平均为 285 d。母牛一般在 2 岁左右开始配种，20 岁左右丧失繁殖能力，一般 3 年可产 2 胎（杨顺江，1989）。

4. 役用性能

　　据测定，枣北黄牛成年公牛的最大挽力平均为 467 kg，挽车能力在载净重为 1600～2000 kg 的情况下可日行 25 km；成年母牛的最大挽力平均为 240 kg，挽车能力在载净重为 1000～1500 kg 的情况下可日行 20 km。枣北黄牛全年役用时间可达 8～9 个月，日耕地达 0.20～0.27 hm²，役用能力强（邱怀等，1988）。

5. 其他性能

　　（1）枣北黄牛的血液

　　枣北黄牛的鲜血中含有大量的蛋白质、脂肪、钙、铁及多种维生素，是良好的营养、补血、补钙剂。黄牛血液中含有丰富的铁卟啉、氨基酸、脂溶酶、超氧化物歧化酶、血红蛋白等有效成分。机体生物利用度高，在增强机体造血机能、促进血细胞生成、提高血液质量、增强机体免疫力和调节机体内分泌功能方面有显著效果（耿社民和常洪，1995）。

（2）枣北黄牛的骨、鞭

枣北黄牛骨可提取骨髓，由于其富含人体所需的氨基酸、维生素和钙、磷等矿物质而被人们所青睐，并以其含钙质高、吸收快的特点而成为天然补钙之极品；提取骨髓后的骨头可加工成骨粒、骨粉。骨粉被广泛用于畜禽饲养，牛骨经粉碎、漂白后可压模雕刻加工成各种工艺品；牛鞭具有很强的滋补保健功能，可加工成高级补品（庞之洪等，1994）。

6. 适应性

枣北黄牛的产区大部分属南阳盆地南缘，为汉水中游和唐白河下游冲积平原的一部分，岗和垄是本区的主要地貌。本区共有天然草场 18.9 万 hm²，可利用的成片草场 6 万 hm²；属亚热带大陆性季风气候，四季分明，阳光充足，年平均气温为 15.4℃，年平均降水量为 889 mm，年无霜期为 228 d；草地主要为草丛草场，载畜量可达 47 万个牛单位；适宜多种作物生长，盛产小麦、水稻、甘薯、豆类、高粱等，为发展养牛提供了丰富的饲料来源。由于区域内主要是旱地，当地农民素有喂养黄牛的习惯，重视耕牛的选种选配，正是这样的人文、地理自然条件等多种因素的作用，再通过当地人民群众的长期选择和培育，才形成了公牛个体较大、毛色纯、头四方、肩峰高、脖子粗短、背腰平、胸宽深，母牛屁股大、性温驯、乳头大且排列整齐、繁殖力强、役力强、适应性好的枣北黄牛这一湖北省地方优良品种（崔冰冰和李助南，2017）。

六、饲 养 管 理

抓好枣北黄牛产区的饲料基地建设。要在产区做好退耕还林、退牧还草工作，30°以上的坡地应尽量退耕还牧，建成高产、稳产的草场；要调整种植业结构，发展高产牧草和玉米的种植，为发展养牛业奠定物质基础；要推广秸秆青贮、氨化、微贮技术，建立技术推广专业班，做好农作物秸秆、饲草收贮，建好青贮窖、氨化池，开展技术培训，搞好办点示范工作；要改舍外散养为舍内饲养。在枣北黄牛的肉用性能开发中，要大力推广"公牛外来良种化，母牛本地优选化，配种人工授精化，商品肉牛杂交化"（谢扬华等，2013）。

七、科 研 进 展

1. 研究工作

截至 2017 年 6 月，已开展的枣北黄牛的研究工作有：①利用安格斯牛及澳洲矮牛进行枣北黄牛杂交改良效果的研究；②枣北黄牛肉质性状相关基因组织表达研究等。

2. 保种场建设

弘大畜牧有限责任公司枣北黄牛原种场是农业部2015年公布的第二批国家肉牛核心育种场之一。弘大畜牧有限责任公司是湖北省农业产业化重点龙头企业，2008年，其肉牛场被农业部列为"国家肉牛产业技术体系综合试验站"。该场现存栏枣北黄牛400余头，其中种母牛254头，种公牛16头，后备母牛90头，后备公牛63头，年产犊牛150余头，每年可向省内外提供80余头种公牛、50余头种母牛。

八、评价与展望

1. 品种评估

枣北黄牛是中原黄牛中的优良中型品种之一，其体质强壮结实，结构匀称，肌肉发达，耐粗饲，役用性能好，是当地农业生产的主要动力。枣北黄牛体形中等偏大，皮薄毛细，骨骼较粗壮，肌肉发达结实，胸较宽深，腹圆大，背腰尚平，尻部稍斜，四肢有力。公牛头方，颈粗短，肩峰发达；母牛头较窄长、清秀，颈细长平直，乳房发育较好。毛色以浅黄、红、草白为多，四肢、阴户下部与胸腹底部的毛色较淡，背线及胸腹两侧的色泽最深。

2. 存在的问题

随着农业机械化在农村的普及和黄牛品种改良工作的推进，枣北黄牛作为农业生产的角色已渐渐淡化，它已成为湖北枣阳、襄阳及随州、老河口等鄂北岗地农民改良肉牛较为理想的母本，但离成为稳定的产肉型牛还有一定的距离。

3. 保种措施

要根据枣北黄牛的品种特点，做好本品种选育工作，注意肉用性能的选择，对生长速度、臀部性状、眼肌面积等性状要加大选择力度，充分发挥种公牛和主产区繁殖母牛的作用，向役肉兼用方向选育提高。要采取引进夏洛来牛、西门塔尔牛、劳莱恩牛等世界著名的肉用和兼用品种牛等措施，进行杂交优势利用，提高枣北黄牛的肉用性能。

4. 销售渠道

在枣北黄牛的主产区建立交易市场，积极拓展枣北黄牛肉销售市场，采取有效措施提高枣北黄牛肉在产区周边大、中城市的知名度，逐步进入武汉城市圈、长三角城市圈、珠三角城市圈的市场。同时利用好产区现有的冷库、屠宰厂，开展枣北黄牛肉的冷藏、分割和风味加工、制革等深加工，进一步延伸产业链，提高加工的附加值。

参 考 文 献

程泽信. 2004. 湖北家畜品种资源保护的现状分析及对策研究［D］. 北京：中国农业大学硕士学位论文.

崔冰冰，李助南. 2017. 安格斯牛改良枣北黄牛的效果分析［J］. 黑龙江畜牧兽医，（10）：56-57.

丁山河，陈红颂. 2004. 湖北省家畜家禽品种志［M］. 武汉：湖北科学技术出版社.

付玮玮. 2016. 牛脂肪细胞分泌因子五个基因遗传特征分析［D］. 信阳：信阳师范学院硕士学位论文.

耿社民，常洪. 1995. 中国黄牛毛色的演变及其遗传（上）［J］. 黄牛杂志，21（1）：4-6.

李洪昭，崔保安，杨金全，等. 1999. 肉牛产业化生产配套技术［M］. 郑州：河南科学技术出版社.

李晓锋，张扬，张金山，等. 2013. 枣北黄牛调查报告［J］. 家畜生态学报，（9）：78-81.

李晓锋，张扬，张金山，等. 2015. 湖北省肉牛主导品种遗传资源调查报告［J］. 湖北农业科学，54（21）：5348-5351，5355.

刘臣华，李瑞姣，卢君，等. 2008. 枣北黄牛现状及其保种选育与开发利用的建议［J］. 中国草食动物，（1）：59-61.

庞之洪，王毓英，陈幼春，等. 1994. 中国黄牛体型大小与产区地理生态因子关系的多元分析研究［J］. 中国牛业科学，（S1）：43-47.

邱怀，秦志锐，陈幼春，等. 1988. 中国牛品种志［M］. 上海：上海科学技术出版社.

王根林，易建明，梁学武，等. 2000. 养牛学［M］. 北京：中国农业出版社.

谢扬华，朱昌友，李必圣，等. 2013. 澳洲矮牛改良枣北黄牛研究初报［J］. 湖北畜牧兽医，（10）：9-10.

许尚忠，高雪. 2013. 中国黄牛学［M］. 北京：中国农业出版社.

杨顺江. 1989. 动物微量元素营养学［M］. 武汉：湖北科学技术出版社.

《湖北省家畜家禽品种志》编辑委员会. 1985. 湖北省家畜家禽品种志［M］. 武汉：湖北科学技术出版社.

调查人：　马云、黄洁萍、郝瑞杰、李信、韩爽、汪书哲
当地畜牧干部：　曹永强、李晓锋
主要审稿人：　张英汉、陈宏

第五章

江 淮 水 牛

江淮水牛（Jianghuai buffalo）属于役肉兼用型牛，主要分布在安徽省淮河沿岸和长江以北地区，主要中心产区是定远县、凤阳县、全椒县等地区。

江淮水牛的被毛以褐黄色为主，腹部为灰白色。典型群体在颈下有两条白色条带，一条在胸前，另一条在颌下；被毛在肩胛部和腰角部形成相向的毛旋。蹄及飞节的毛色为浅灰色，四肢飞节下为黑灰相间的斑状。耳内有白色长毛，鼻镜、眼睑有灰白色圈，四肢下部为白色，当地称"七白"。乳房呈灰色，蹄中等大，有灰色或黄色。成年公牛的平均体高为140.6 cm，体斜长为165.5 cm，胸围为228.4 cm，体重为550.6 kg；成年母牛的平均体高为137.2 cm，体斜长为160.5 cm，胸围为218.2 cm，体重为483.0 kg。

江淮水牛具有耐粗饲、耐热、耐寒和抗病力强的特点，性情温驯，适应性强，容易饲养；缺点是前躯偏窄，后躯欠丰满。江淮水牛今后的发展方向是由役用向肉用或肉乳兼用型方向发展。加强江淮水牛繁育性状的研究，大力引导和扶持规模化水牛养殖，将使江淮水牛养殖业有较快发展。

一、一 般 情 况

1. 品种名称

江淮水牛于2010年2月通过国家畜禽遗传资源委员会鉴定，被列入中国畜禽遗传资源，是一个肉役兼用型的优良地方水牛品种。

2. 中心产区和分布

主要分布在安徽省淮河沿岸和长江以北地区，主要中心产区是定远县、凤阳县、全椒县、肥东县、长丰县、怀远县、五河县、淮南市的部分地区，以及六安市、巢湖市、安庆市等地区。

3. 产区的自然生态条件

（1）地貌与海拔

中心产区地处东经 115°52′～119°13′、北纬 29°47′～33°13′，地貌类型以低山、丘陵、岗地、湖滨和沿河平原为主；海拔多为 15～50 m，部分地区达到 400～500 m。

（2）气候

中心产区为北亚热带湿润季风气候，四季分明，温暖湿润。气候特征可概括为：冬季寒冷少雨，春季冷暖多变，夏季炎热多雨，秋季晴朗气爽。年最高气温为 41℃，最低气温为 -13℃，平均气温为 15.4℃，平均湿度为 60%～70%，年无霜期平均为 210 d 左右。常年平均降水量为 1000 mm 左右，雨季多集中在 5～9 月，降水量占全年的 50% 左右，降雪主要分布在 12 月至次年 1 月。平均风速为 3.2 m/s，极速为 21.0 m/s，无沙尘暴。

（3）水源和土质

中心产区地处江淮分水岭地区，水源主要为江水、湖水、河水和地下井水；区域内地表水资源丰富。土质以黄土、砂姜黑土为主。

（4）土地利用情况

中心产区包括滁州、合肥、蚌埠、六安、巢湖、淮南 6 市 22 县（区）400 多个乡镇，总面积为 4.5 万 km²，耕地面积为 1949 万亩。

（5）耕作制度和作物种类

中心产区的自然生态环境适合多种作物生长，其中粮食作物种类有 15 种之多，主要有小麦、水稻、大豆、玉米等；经济作物种类有 20 种之多，主要有花生、油菜、棉花、芝麻和瓜果等。耕作制度为一年两作或两年三作。

（6）品种对当地自然生态条件的适应性和疾病情况

江淮水牛性情较温和，体形中等，躯干结实，毛色多为灰黄色，蹄及飞节下的毛色呈黑和灰色相间的斑块，被毛较稀疏，蹄灰黄色，头稍粗重，角中等长，呈倒"八"字形，肩窄胸浅，腹围大，尻部倾斜而短，后腿微弯。该品种对当地自然生态因素的适应性较强，耐粗饲，抗病力强。饲养方式多为舍饲和半舍饲。

二、品种来源及数量

1. 品种来源

江淮水牛古称吴牛，故有"吴牛望月"之说，是安徽长江以北和淮河沿岸地区农业生产的重要役畜。由于安徽江淮之间饲草十分丰富，气候温和湿润，水牛既可舍饲，又可放牧，长期从事农田耕作劳役，经长期选择驯化，逐步形成了役用性能强、善过泥潭、性情较温驯和耐粗饲等特点。多数水牛能独犁，日耕水田3～5亩。目前江淮水牛役用减少，已逐步向肉用方向发展，出栏时间大大提早。

2. 调查概况

本次调查从2016年8月初开始，历时两个月，对江淮水牛的主产区进行了实地调查，调查步骤如下：①在学术刊物上检索有关江淮水牛的文献资料；②在安徽省畜禽遗传资源保护中心查得2010年有关江淮水牛的调查资料及近年的存栏量报表，确定调查的地点；③在定远县江淮水牛保种场共测得30头水牛的体尺数据，并拍摄照片；④针对2010年的调查结果对江淮水牛的分布进行调查，并对江淮水牛中心产区重点调查。通过调查发现，现今江淮水牛数量略有下降，分布范围在逐步缩小。

3. 群体（纯种）数量及近15～20年的消长形势

1）2006年底，安徽江淮地区的水牛饲养量达30.4万头以上，其中滁州市为11.52万头、合肥市为10.4万头、巢湖市为2.83万头、安庆市为2.9万头、六安市为0.56万头、蚌埠市为2.19万头。成年公牛约2.85万头，占全群的比例为10.1%；繁殖母牛为14.74万头，占全群的比例为52.2%。

2）2008年底，江淮水牛约为30万头，成年公牛约1.5万头，占全群的比例为5%；繁殖母牛为12.5万头，占全群的比例为42%。

3）2016年底，江淮水牛中心产区的存栏量不足20万头，成年公牛约1万头，成年公牛占全群的比例为5%。近30年来，群体数量规模整体呈下降趋势。

三、体 形 外 貌

1. 毛色、肤色、蹄角色与分布

被毛以褐黄色为主，且呈现毛梢黄色、毛根黑色，牛群腹部为灰白色。典型群体在颈下有两条白色条带，一条在胸前，另一条在颌下；被毛在肩胛部和腰角部形成相向的毛旋。蹄及飞节的毛色为浅灰色，四肢飞节下为黑白相间的斑状，且外部多黑、内面多白，腹部多为灰色。耳内有白色长毛，鼻镜、眼睑有灰白色圈，四肢下部为白色，当地称"七白"。乳房呈灰色，蹄中等大，有灰色或黄色。

2. 被毛形态与分布

全群牛的被毛呈灰黄色而稀疏，呈梢黄、根黑。额部有少量长毛，前额、侧颈无卷毛。多数牛在肩胛部和髋部有方向相反的毛旋（冬季较为明显）。

3. 整体结构与分布

体形中等，躯干结实，结构较匀称。额宽中等，颈狭，胸窄，腹围大而深，背腰平直，四肢中等，管围中等，管骨结实。

4. 头部特征与类型分布

江淮水牛头部中等匀称，额中等而平直；耳薄、向后伸，耳端较尖，耳内有长毛；角中等大，呈倒"八"字形，角基较粗，呈方形，角略呈棱形，向外后弯曲。

5. 前躯特征与分布

江淮水牛颈狭，肩宽，肩峰不明显，鬐甲不突出，无胸垂。

6. 中后躯特征及分布

江淮水牛腹围大，无脐垂，尻部宽广而倾斜；背腰平直而略凹陷；乳房发育一般，乳头中等；后腿微弯；尾细，略超过飞节，尾梢颜色为黑褐色（图5.1，图5.2）。

图 5.1　江淮水牛公牛
（调查组拍摄于安徽省
定远县江淮水牛保种场）

扫码见彩图

图 5.2　江淮水牛母牛
（调查组拍摄于安徽省
定远县江淮水牛保种场）

扫码见彩图

四、体尺、体重

1. 成年公牛、母牛的体尺及体重

江淮水牛公牛、母牛的体尺和体重如下（表5.1）。

表 5.1 江淮水牛公牛、母牛的体尺和体重

年龄	性别	体高 /cm	体斜长 /cm	胸围 /cm	管围 /cm	坐骨宽 /cm	体重 /kg
1 岁	公	126.1±2.80	134.4±4.60	192.8±6.40	27.1±0.90	20.4±2.20	336.8±33.53
	母	124.5±2.40	133.5±4.00	198.0±6.00	25.8±0.40	21.4±1.10	325.0±15.40
2 岁	公	135.8±3.20	150.8±9.20	208.2±6.60	28.2±0.80	21.0±0.60	455.0±42.40
	母	130.7±3.10	146.4±5.70	200.8±6.10	27.2±0.80	22.6±0.50	388.0±50.20
成年	公	140.6±3.02	165.5±5.60	228.4±6.60	29.7±1.62	24.2±1.06	550.6±32.12
	母	137.2±6.27	160.5±8.44	218.2±12.40	28.8±1.30	23.8±0.80	483.0±34.02

资料来源：调查组于 2016 年在定远县江淮水牛保种场测定

2. 体态结构

根据表 5.1 的结果进行计算，得出江淮水牛成年公牛、母牛体态结构指标统计结果，见表 5.2。

表 5.2 江淮水牛成年公牛、母牛体态结构统计表 （单位：%）

性别	体斜长指数	胸围指数	管围指数
公	117.71	162.45	21.12
母	116.98	159.04	20.99

五、生产与繁殖性能

1. 产肉性能

江淮水牛屠宰测定结果见表 5.3，胴体肌肉主要化学成分测定结果见表 5.4。江淮水牛的肉质较好，水分含量在 70% 左右，肌肉剪切力约为 66 kgf [①]，蛋白质含量占肌肉干物质的 18% 左右，脂肪含量占肌肉干物质的 10% 左右。

表 5.3 江淮水牛屠宰测定表

项目	公牛	母牛
屠宰重 /kg	540.6±24.8	424.4±25.6
屠宰率 /%	48.5±1.45	48.2±1.76
净肉率 /%	39.38	38.87
净肉重 /kg	212.89±12.6	164.97±3.65
肌肉厚 /cm	7.50±0.43	7.02±0.48
胴体重 /kg	262.19±15.4	204.56±14.22

---

① 1 kgf = 9.806 65 N

项目	公牛	母牛
皮厚 /mm	12.3±0.46	11.5±0.44
骨重 /kg	48.45±1.68	40.64±2.64
肉骨比	4.39：1	4.06：1
眼肌面积 /cm²	72.4±5.2	70.0±3.54
剪切力 /kgf	65.66±17.67	66.20±19.26

资料来源：贾玉堂等，2011

表 5.4　江淮水牛胴体肌肉主要化学成分测定表　　（单位：%）

项目	公牛	母牛
肌肉水分	70.80±3.81	69.47±6.77
肌肉干物质	29.20±3.81	30.53±6.77
肌肉蛋白质	18.25±0.36	18.04±0.22
肌内脂肪	10.10±0.45	10.79±0.44
肌肉灰分	0.85±0.05	0.80±0.04

资料来源：贾玉堂等，2011

2. 乳用性能

根据调查，江淮水牛每天产乳 3～4 kg，泌乳期一般为 7～8 个月。

3. 役用性能

在正常情况下，江淮水牛每天可以耕作 6～8 h，耕地 3～5 亩。江淮水牛拖牛车载重在 1000 kg 左右。

4. 繁殖性能

1）性成熟年龄：公牛为 21 月龄，母牛为 16 月龄。

2）初配年龄：公牛为 28 月龄，母牛为 22 月龄。

3）繁殖季节：全年各阶段均有发情，多集中在春季（4～5 月）和秋季（8～10 月）。

4）发情周期：18～25 d，发情持续期为 2～3 d。

5）妊娠期：330 d 左右。

6）犊牛出生重：公犊平均为 32.5 kg，母犊平均为 26.8 kg。

7）犊牛断奶重：公犊平均为 158.2 kg，母犊平均为 155.4 kg。

8）哺乳期日增重：哺乳期日增重为 680 g。

9）犊牛出生成活率：95% 以上。

六、饲 养 管 理

1. 饲养方式

江淮水牛多为个体散养，舍饲或半舍饲，一般每户饲养 1～3 头，该品种性情较温驯，易管理。精饲料以豆粕、玉米、麸皮、棉粕等为主，粗饲料以小麦秸、稻草、玉米秸（或玉米秸青贮）、大豆秸、山芋秧（红薯秧）、酒糟和部分牧草等为主。常见病主要有前胃迟缓、瘤胃积食等消化不良疾病，有些个体易感染寄生虫病。

2. 舍饲与补饲情况

江淮水牛在舍饲饲养过程中，多采用精饲料 + 秸秆的补饲方式。精饲料一般就地选择农副产品，如玉米、麸皮等，配合玉米秸秆、稻草、青干草等作为枯草季节饲养的主要饲料。

3. 管理难易

江淮水牛的饲养管理简单，在生产过程中很少发生难产现象。

七、科 研 进 展

1. 研究工作

截至 2017 年 6 月，江淮水牛的研究工作有：①分子遗传多样性及种群遗传特征分析；②江淮水牛受胎率相关研究；③生产性状与基因表达的关联分析；④产业化开发，推动水牛产业发展等。

2. 保种场建设与品种登记制度

1）提出保种和利用计划：2010 年安徽省制定了《江淮水牛》地方标准（草案），在安徽省定远县开牛农业科技股份有限公司设有江淮水牛省级保种场。当地也利用江淮水牛与莫拉水牛进行杂交改良，以提升江淮水牛的产乳性能和产肉性能。

2）建立品种登记制度：从 2015 年开始，由安徽省定远县开牛农业科技股份有限公司负责。

八、评价与展望

江淮水牛为中等体形，属于役肉兼用型。该品种以舍饲、半舍饲为主，具有耐粗饲、耐热、耐寒和抗病力强的特点；缺点是前躯偏窄，后躯欠丰满。江淮水牛今后的发展方向是由役用向肉用或肉乳兼用型方向发展。加强江淮水牛繁育性状的研究，大力引导和扶持规模化水牛养殖，将使江淮水牛养殖业有较快发展。在开展多种形式的保种、育种工作的同时，还应建立江淮水牛品种资源监测与评估体系，加强江淮水牛保护区、养殖区的建设。

参 考 文 献

贾玉堂，汤继顺，葛善勇，等．2011．江淮水牛遗传资源调查报告［J］．中国牛业科学，37（2）：74-77．

柳培春，王立克，马传功，等．2008．不同输精时间对江淮水牛受胎率的影响［J］．安徽科技学院学报，22（1）：13-15．

卢永芳，蔡治华，李强，等．2012．江淮水牛线粒体 D-loop 区和 Cytb 基因遗传多态性及系统发育分析［J］．畜牧兽医学报，43（5）：701-707．

桑万邦．2010．开发利用江淮水牛资源推动肉牛、奶牛产业发展［J］．中国奶牛，（6）：62．

王学故，邓丹妹，程晋，等．2016．不同类型牛 GPR54 基因启动子变异与其表达水平的关联性［J］．畜牧兽医学报，47（9）：1824-1829．

赵皖平．2012．肉役兼用牛品种——江淮水牛［J］．农村百事通，（23）：54，81．

调查人：王恒、刘洪瑜、王力生、李福宝
当地畜牧工作人员：席莉莉、刘传江、陈兵
主要审稿人：雷初朝

第六章

郏 县 红 牛

郏县红牛（Jiaxian red cattle）是我国八大地方良种黄牛品种之一，因中心产区位于郏县且毛色主要为红色而得名，主产区为河南郏县、宝丰、鲁山三县。郏县红牛具有体格大、体质结实、结构匀称、肌肉丰满、耐粗饲、适应性强、肉质细嫩、遗传性稳定等特点。具有良好的肉用基础，肉的大理石纹明显，色泽鲜红，肉用性能改良为郏县红牛的主要选育方向。经短期育肥后，屠宰率可达60.65%，净肉率可达50.63%，胴体产肉率可达83.69%，是发展肉牛产业和培育优良肉牛品种的宝贵资源。1983年被列入《河南省地方优良畜禽品种志》，2006年被列入农业部《国家级畜禽遗传资源保护名录》。

一、一 般 情 况

1. 品种名称

郏县红牛是全国唯一一个以县名命名的地方优良品种，具有毛色红润、结构匀称、肉用性能好等特点。郏县红牛的主产区为河南郏县、宝丰、鲁山三县，分布于毗邻的10余个县（市、区）。郏县红牛是我国著名的役肉兼用型地方优良黄牛品种，其毛色多呈红色，故而得名。

2. 经济类型

郏县红牛为役肉兼用型品种。在役用性能方面，郏县红牛体格较大，肌肉发达，骨骼粗壮，健壮有力，役用能力较强，是山区农业生产的主要动力。据袁建人等（1980）测定，阉牛的最大挽力为407.3 kg，公牛为405.6 kg，母牛为322.9 kg。在肉用性能方面，郏县红牛肉质细嫩，肉的大理石纹明显，色泽鲜红。郏县红牛经育肥后具有较高的产肉性能，屠宰率均高于58.92%±3.35%，胴体重均高于263 kg，分割肉重均值为205 kg，胴体产肉率高于82.12%±1.07%，达到国家牛胴体等级的一级标准。高档肉、优质肉占胴体产肉量分别高于13.66%±5.61%、26.78%±0.71%，肉骨比均大于（4.64±0.25）：1（耿二强等，2015）。参照《南阳牛》国家标准（GB2415—2008），郏县红牛与南阳牛相比，屠宰率和净肉率都高于南阳牛，优秀个体屠宰率在 63% 以上（昝林森等，2006；刘远哲，2015）。

3. 中心产区和分布

郏县红牛主产于平顶山市的郏县、宝丰县和鲁山县等地。据统计，郏县存栏 13.6 万头，宝丰县存栏 7.1 万头，鲁山县存栏 6.2 万头，而纯种存栏 2 万～3 万头，主产区位于以郏县的保种场为中心的周围区域，并以各地区牛群的整体数量、饲养密度及生态类型为依据，从地理位置上细分产区，将与保种场有一定距离的郏县其他乡镇划分为中心产区，而地理距离相隔更远的鲁山县和宝丰县划分为边缘产区。

4. 产区的自然生态条件

（1）地貌与海拔

产地处于河南省中西部伏牛山东麓，地势西高东低，主要为浅山丘陵，海拔在 200～500 m（张花菊等，2005）。产区内河流纵横交错，汝河自西向东由汝州市流经郏县、宝丰，沙河则流经鲁山全境。汝、沙河下游为平原农区，平原多为砂壤土及黏土；山冈、丘陵多砾质及黄黏土。

（2）气候

产区属暖温带气候，年均气温为 14.6℃，年最高气温为 44.5℃，最低气温为 -11.2℃。年无霜期平均为 226 d。年平均降水量为 806 mm，70% 的降水量集中在 6～9 月。年平均日照时间为 2265.1 h。冬季以西北风为多，风力为 4～7级；夏季以西南、东南风为多，风力为 3～6 级。

（3）水源和土质

据 2005 年统计，水资源总量平均值为 18.33 亿 m^3，水质 II 类，pH 为 7.32，化学需氧量（COD）为 4.0。全市有大型水库 4 座、中型 10 座、大型河流 4 条、中型 22 条，灌溉条件较好。土地以红壤土为主，分褐土、潮土、砂姜黑土三类，pH 为 7.6～8.2。

（4）土地利用情况

全市耕地为 494.5 万亩，人均 1.04 亩，年产农作物秸秆 23 亿 kg，草山草坡 211.3 万亩。饲草饲料资源丰富，且有发展畜牧业的自然资源优势。

（5）耕作制度和作物种类

农作物以小麦、玉米、花生、红薯为主。耕作制度为一年两熟或两年三熟。

（6）品种对当地条件的适应性和疾病情况

郏县红牛对当地自然条件的适应性好，抗病力强；无大的疫病流行。

（7）产品（肉、皮、毛、绒、乳等）和役力的利用与销售情况

目前郏县红牛在山区以役用为主、肉用为辅，平原地区以肉用为主。牛肉供应当地和郑州、洛阳等城市，皮张制革。

二、品种来源及数量

1. 品种来源

据《郏县县志》记载，郏县红牛属于华北牛类型，是在当地优越的生态环境条件下经过农民世代精心选育而形成的优良地方品种。产区农民喜爱红牛，乐养红牛，牛肉加工始于唐宋，历史悠久。郏县红牛于1952年参加第一届农产品展览会（北京），1983年被列入《河南省地方优良畜禽品种志》，1985年10月列入全国八大优良黄牛品种，1997年7月发布了河南省地方标准，2006年被列入《国家级畜禽遗传资源保护名录》，2008年7月郏县红牛良种繁育中心被农业部确定为国家级保种场。

2. 品种数量规模和基本结构

据调查，截至2008年底，郏县红牛存栏27.16万头，成年种公牛80头，繁殖母牛13.85万头，成年种公牛在全群牛中所占的比例为0.03%，繁殖母牛在全群中所占的比例为50.99%。郏县红牛一般采用冻精人工授精和本交两种繁育方式，本交占4%，人工授精占96%。初产母牛和山区部分母牛常利用郏县红牛种公牛进行配种，用于纯种繁殖的母牛占能繁母牛的20.5%（马桂变，2009）。

3. 近30年的消长形势

（1）数量规模变化（表6.1）

表6.1 1986年以来郏县红牛数量变化表 （单位：万头）

时间	平均数量	时间	平均数量
20世纪80年代	13.22	21世纪初	26.29
20世纪90年代	16.86	2017年	纯种<3

资料来源：张法良等，1996

（2）品质变化

经过多年的选优淘劣，建立核心群进行选种选配，加强对种公牛的鉴定和登记，推广冷冻精液配种，加强饲养管理，郏县红牛的整体质量得到显著提高。成年公牛的体高、体斜长、胸围、管围、体重由1986年的137.61 cm、148.12 cm、197.03 cm、19.31 cm、531.86 kg发展到2006年的146.72 cm、183.31 cm、199.42 cm、20.80 cm、608.05 kg，分别提高了6.62%、23.76%、1.21%、7.72%、14.33%；成年母牛的体高、体斜长、胸围、管围、体重由1986年的125.73 cm、143.56 cm、176.56 cm、18.71 cm、432.73 kg发展到2006年的131.42 cm、

158.85 cm、187.05 cm、18.92 cm、460.04 kg，分别提高了 4.53%、10.65%、5.94%、1.12%、6.31%。屠宰率和肉质成分也有较大的改变，据 1986 年鲁山县红牛场对 2 头成年阉牛的育肥屠宰试验测定，其屠宰率为 56.89%，净肉率为 47.02%，胴体产肉率为 82.64%，而 2015 年经短期育肥后的屠宰试验表明郏县红牛的屠宰率可达 60.65%，净肉率可达 50.63%，胴体产肉率可达 83.69%，分别提高了 6.61%、7.68%、1.27%（张花菊等，2016）。

（3）濒危程度

郏县红牛是我们的祖先在千百年的选育过程中形成的优良地方品种，是宝贵的资源。但近年来，为了满足人民对肉、蛋、乳等畜产品的需求，引进了许多专门化的畜禽品种。特别是国外专门化的乳牛、肉牛品种的引进，以及农业机械化程度的不断提高，使得许多地方畜禽品种的数量大幅下降甚至消失。由于郏县红牛生长速度较慢，屠宰率相对较低，肉用价值无法和引进的国外专门化的品种相抗衡，广大农户和饲养场出于经济效益的原因，不愿再饲养郏县红牛，使得郏县红牛的数量越来越少。

三、体形外貌

郏县红牛的品种典型特征：被毛为紫红色，体表各部位的毛色单纯、均匀一致，牛尾细长，尾帚中夹有少量白毛；鼻镜宽、肉红色，无杂色斑点；角形对称，为蜡黄色，角尖为紫红色；体质结实，肌肉发达，结构匀称，背腰平宽，后躯发育良好；侧面观呈长方形，四肢端正，粗壮，胸宽深；蹄壳为琥珀色带有红筋条纹，蹄缝紧；公牛有雄相，肩峰隆起，垂皮较发达，睾丸对称；母牛头部清秀，腹大而不下垂，乳房发育良好，乳头大，排列整齐（刘远哲，2015）。

郏县红牛具有体格较大，体质结实，结构匀称，肌肉丰满，耐粗饲，适应性强，肉质细嫩，遗传性稳定等特点。其体格中等大小，结构匀称，体质强健，骨骼坚实，肌肉发达；后躯发育较好，侧观呈长方形，具有役肉兼用牛的体形，头方正，额宽，嘴齐，眼大有神，耳大且灵敏，鼻孔大，鼻镜肉红色，蹄角色为蜡色或者黑褐色，角短质细，角形不一；被毛细短，富有光泽，分紫红、红、浅红三种毛色，红色占 48.51%，浅红占 24.26%，紫红占 27.23%，红色及浅红色牛有暗红色背线及色泽较深的尾帚，部分牛的尾帚中夹有白毛。郏县红牛也无白斑图案，鳌毛、晕毛、季节性黑斑点等均无；且其身体局部，如肋部、大腿内侧、腹下、口围等处也没有淡化现象。公牛颈稍短，背腰平直，结合良好，四肢粗壮，尻寅长稍斜，睾丸对称，发育良好（图 6.1）；母牛头部清秀，体形偏低，腹大而不下垂，鬐甲较低且略薄，乳腺发育良好，肩长而斜（图 6.2）（袁建人等，1980）。

扫码见彩图

图 6.1 郏县红牛公牛
（调查组 2017 年拍摄于
郏县红牛良种繁育场）

扫码见彩图

图 6.2 郏县红牛母牛
（调查组 2017 年拍摄于
郏县红牛良种繁育场）

四、体尺、体重

不同年份成年郏县红牛的体尺和体重如下（表 6.2）。

表 6.2 不同年份成年郏县红牛的体尺和体重

年份	测定类型	头长/cm	角长/cm	颈长/cm	体高/cm	体斜长/cm	胸围/cm	管围/cm	胸深/cm	十字步高/cm	腰角宽/cm	坐骨端宽/cm	尻长/cm	体重/kg	重高比	腹围/cm
	公牛	44.5	16.8	58.5	139.2	150.3	203.0	19.3	66.5	126.8	43.3	28.0	48.1	538.2	—	—
2005	母牛	47.7	12.1	53.1	127.5	145.6	182.5	19.0	60.9	119.3	41.8	27.8	47.8	450.0	—	—
	阉牛	47.6	19.7	58.9	135.3	149.2	190.2	20.1	69.9	129.4	46.6	27.0	53.1	512.1	—	—
	公牛	—	—	—	127.5	147.9	175.6	—	—	128.1	46.2	29.5	—	387.1	3.0	203.0
2017	母牛	—	—	—	127.2	145.2	173.5	—	—	128.6	24.8	28.0	—	396.6	3.0	201.4
	阉牛	—	—	—	128.7	142.7	177.2	—	—	128.1	42.6	24.8	—	401.4	3.1	204.4

资料来源：2005 年的数据来源于肖杰（2007）；2017 年的数据为调查组实测所得

五、生产与繁殖性能

1. 产肉性能

郏县红牛的屠宰日龄为 24 月龄，宰前体重为 488.33 kg（公牛），胴体重为 292.40 kg，净肉重为 249.99 kg，屠宰率为 59.88%，胴体净肉率为 85.50%，眼肌面积为 85.41 cm^2；腰部脂肪厚 0.30 cm，腰部肌肉厚 5.5 cm，背部脂肪厚 0.40 cm，大腿肌肉厚 29 cm；肉风味 6 分，肉骨比为 5.89∶1，肌肉 pH 为 6.3，肉色为 3±1，熟肉率为 59.5%，肌肉失水率为 21%。肌肉主要化学成分：水分为 66.00%，蛋白质为 20.50%，脂肪为 12.00%，灰分为 1.10%，干物质为

34.00%（魏成斌等，2013）。牛肉总氨基酸中，29.59% 为必需氨基酸（不包括色氨酸），34.75% 为鲜味氨基酸，个别氨基酸含量与高档牛肉持平（金显栋等，2016；张花菊等，2015a）（表 6.3）。

表 6.3　郏县红牛育肥牛屠宰胴体肌肉氨基酸成分测定分析结果（单位：mg/100 mg）

氨基酸		其他	
名称	含量	名称	含量
天冬氨酸 Asp[#]	1.62±0.07	铵根 NH_4^+	1.04±0.05
苏氨酸 Thr[*]	0.61±0.24	必需氨基酸（EAA）	4.82±0.13
丝氨酸 Ser	0.45±0.28	EAA 占总氨基酸的比例 /%	29.59
精氨酸 Arg	2.77±0.07	鲜味氨基酸	5.66±0.09
谷氨酸 Glu[#]	0.82±0.06	鲜味氨基酸占总氨基酸的比例 /%	34.75
甘氨酸 Gly[#]	0.99±0.04		
丙氨酸 Ala[#]	0.84±0.04		
缬氨酸 Val[*]	0.38±0.11		
蛋氨酸 Met[*]	0.80±0.06		
异亮氨酸 Ile[*]	1.29±0.03		
亮氨酸 Leu[*]	0.66±0.05		
酪氨酸 Tyr[#]	0.71±0.03		
苯丙氨酸 Phe[*#]	0.68±0.03		
组氨酸 His	1.40±0.03		
赖氨酸 Lys[*]	0.40±0.08		
脯氨酸 Pro	0.83±0.07		

资料来源：表中测定结果由调查组在 2017 年开展实验获得

注：上标 * 为必需氨基酸，上标 # 为呈味氨基酸

2. 乳用性能

郏县红牛母牛的乳房发育较好，乳房呈碗状，泌乳力较高，因而犊牛体质也较好，哺乳犊牛的成活率一般可达 95% 以上（袁建人等，1980）。据报道，郏县红牛母牛 305 d 产乳量为 1030 kg，乳脂率为 5.21%，泌乳期为 180～240 d。乳的成分：水分 83.42%，蛋白质 4.22%，脂肪 5.21%，乳糖 6.35%，灰分 0.8%（张花菊等，2015b）。

3. 役用性能

郏县红牛体格中等，体躯长，骨骼粗壮，肌肉发达，役用性能强。据调查

了解，大阉牛每犋一天可耕地 4～5 亩，母牛为 2～3 亩。一般每头牛拉三腿耧进行播种，一天可播 12～15 亩。在拉车方面，每犋阉牛拉旧式铁轮大车，载重 1500 kg，在平坦的公路上行进，可日行 30 km，若走山路，载重 600～700 kg，一天可行 20～25 km。每犋阉牛年可负担耕地 40～50 亩，母牛可负担 20～30 亩，一般 2 岁即开始使役调教，8 岁时正式劳役，一直可使用到 18 岁左右，有的牛可使用到 20 岁以上，从当地老农所谈的这些经验数字来看，郏县红牛的役用能力比较强（袁建人等，1980）。由于农村机械化耕作和生活条件的改善，现郏县红牛役用的较少。

4. 繁殖性能

郏县红牛怀胎 285 d 左右，产后第一次发情多在 3 个月以后（张怀法等，1989）。在通常饲养管理条件下，母牛的初情期为 8～10 月龄，初配年龄为 14～16 月龄，使用年限一般至 10 岁左右，繁殖率为 70%～90%，三年可产两犊，犊牛初生重为 28～37 kg。母牛配种不受季节限制，一般多在 2～8 月配种。郏县红牛的同期发情处理效果具有季节性差异，夏秋季（5～10 月）的同期发情率显著低于冬春季（11 月至次年 4 月）（肖杰和孙攀峰，2012）。公牛 9～11 月龄性成熟，18～20 月龄开始配种，一头公牛可负担 50～60 头母牛配种，最高可达 150 头；一次射精量为 3～10 mL，精子密度为每毫升 5 亿个以上，原精子活力在 0.7 以上，精子耐冻性良好（表 6.4）。

表 6.4　郏县红牛繁殖性能一览表

项目	公牛	母牛
性成熟牛龄 / 月	9～11	8～10
初配龄 / 月	18～20	14～16
繁殖季节	—	9～11 月占 55%
发情周期	—	18 d，持续 2～3 d
妊娠期	—	285 d 左右
犊牛成活率 /%	95.3	95.3
犊牛出生重 /kg	32.74±4.25	28.17±3.12
犊牛 3 月龄重 /kg	106.32±6.02	103.52±4.11
犊牛 6 月龄重 /kg	182.32±11.17	189.31±10.61
哺乳期日增重 /g	814.46±39.32	835.65±26.03

六、饲 养 管 理

成年牛的饲养管理：饲养方式以舍饲为主，有草坡地带的部分山区和沿河区常采用白天放牧、晚上补饲的方法。其舍饲与补饲情况如粗饲料以麦秸为主，玉米秸、青草、晒割的青干草、青贮玉米秆为辅，均铡短喂给，喂量以牛吃饱为原则；精饲料以麸皮、玉米为主，红薯渣、油饼为辅，玉米粉碎后掺入麸皮、饼类的比例为 55：35：10，精饲料量一般每头每天喂 0.5～1 kg，使役时喂 1.5～2 kg，放牧牛视牧草情况和采草时间酌情补充精饲料。繁殖母牛在怀孕后期 3～4 个月及产后 1～2 个月，每天加精饲料 0.5～1 kg，种公牛的精饲料量每头每天 2～3 kg。育肥场户使用浓缩饲料，搭配一定比例的玉米、麸皮喂牛，按架子牛体重的 1%～1.3% 喂给精饲料，日增重为 0.8～1.5 kg。一般每日分早、晚两次饲喂。多数先用水拌草喂，喂后再用料拌草喂，也有直接用料拌草（加水）喂，加水以"冬拌干、夏拌湿"为原则，拌料以"先少后多、四角拌到"为原则，饲喂以"少喂勤添"为原则。同时群众对郏县红牛的管理较细致，有"春防风、夏防热、秋防雨、冬防寒"的民谚。牛舍内外保持清洁卫生，夏天炎热时在舍外喂牛并搭盖凉棚，冬天严寒时在室内生有火炉；怀孕后期母牛减轻劳役，分娩前后各休息半个月。母牛难产率低。

犊牛的饲养管理：哺乳期内随母牛哺乳，两个月后补饲优质青干草，每日喂 0.2～0.3 kg 精饲料，断奶后（6～8 月龄）喂 0.3～0.5 kg 精饲料，一岁后按成年牛的精饲料量喂给；犊牛断奶后即戴上笼头进行拴系，一岁时给幼牛穿鼻。公牛犊不作种用的，农户一般喂到 8～10 月龄即卖给育肥场户育肥（不去势）。

七、科 研 进 展

1. 分子遗传测定

2003 年 4 月，全国畜牧兽医总站种质资源保护中心到郏县采集郏县红牛血样，进行分子遗传测定和基因分析。

2006 年 1 月，西北农林科技大学对郏县红牛进行血样采集，并进行分子遗传测定。

2006 年 8 月，天津大学采集郏县红牛血样，进行分子遗传测定和基因分析。

2006 年 11 月，河南农业大学对郏县红牛进行了血样采集。

2006 年至今，信阳师范学院有计划地对郏县红牛进行了多次生长发育指标及部分肉用性能指标测定，并发现了 12 个可用于郏县红牛肉用选育的分子标记（Ma et al., 2013，2015；马云等，2012）。

2. 保种区与保种场建设

2004 年筹建了平顶山市郏县红牛良种繁育中心，提出了郏县红牛的保种和利用方案，并在该场进行保种。2006 年，在郏县姚庄乡建立郏县红牛良种繁育中心，种公牛达到存栏 10 头，基础母牛近 100 头。以鲁山、宝丰、郏县 3 个县的 8 个乡镇作为保种区，具体规划是郏县的李庄、王集、渣元、白庙；鲁山的张店、辛集；宝丰的肖旗、石桥。2007 年，郏县红牛良种繁育中心被列为国家级郏县红牛保种场。

3. 保种选育方案

1）建立健全的档案管理制度：首先，开展郏县红牛饲养情况普查，进行登记造册，建立档案管理制度（李荣荣，2011）；其次，后续引进的种公牛冻精及胚胎的选取都需要建立档案并妥善保存。拥有完整的档案记录以利后续的科学技术分析和鉴定工作的顺利开展。

2）进一步完善郏县红牛保种区：在中心产区核心地带的郏县、宝丰县、鲁山县划定郏县红牛保种选育区。可在原保种场保种和建立保种区。原保种场主要进行自由交配保种和人工筛选保种，用来保护郏县红牛这一品种资源，并且根据郏县红牛的保种目的和选育目标对选育区进行划分。

3）加强技术培训和科研成果交流：超数排卵、冻精、冻胚及胚胎移植技术的优化和普及。通过筛选获得基因较好的优秀胚胎，通过胚胎移植技术提高郏县红牛的配种受胎率。因此，推广这些技术有利于郏县红牛的繁殖和选育。

4）实施统一供精和保存技术：由于仪器设备和相关技术有一定难度，需要对操作人员加强培训，以提高精子和胚胎的利用率和成功率。在郏县红牛的选育工作中，数量上的多要求、质量上的严标准是至关重要的。根据理想型标准来增加肉牛的存栏量，提高种公牛的质量要求。采取统一引入优秀种公牛和冷冻精液技术，有计划地引进产乳量高、肉用性能好、早熟性好的肉牛的冻精（侯飞，2011）。

5）建立健全机构，多方筹措资金：政府和当地畜牧部门需要重视当地郏县红牛的发展。政府对郏县红牛的保种和选育建立保护机构，政府的宣传部门做好郏县红牛的对外宣传，财政部门对该发展长期支持。通过对外宣传引进外来投资，鼓励企业和个人及有关社会团体参与到这项工作中来，促进该工作的产业化开发（杨婷，2012）。

4. 郏县红牛的良种登记情况

2005 年及其后的近 10 年间，郏县先后多次从 14 个乡镇精选上千头母牛和数十头公牛进行良种登记，并且参加郏县红牛节比赛，重奖畜主，大力宣传鼓励发展郏县红牛，取得了良好效果。

八、评价与展望

郏县红牛是我国优良的地方品种。其优点是体格大，体躯中等，结构匀称，体质结实，骨骼粗壮，肌肉发达，肢势端正，后躯丰满，蹄圆大而坚实，毛色一致，从侧面观呈长方形，具有肉用体形基础；肉质细腻，香味浓郁，肉色鲜红；耐粗饲，适应性强，遗传性稳定（高汉婷，2013）。缺点是生长速度稍慢，部分牛体形需选育提高。该品种是培育我国肉牛新品种、进行肉牛生产的理想母本，应在本品种选育的基础上在特色牛肉加工、创立品牌产品、培育我国肉牛新品系等方面进行综合开发（陈宁博，2014）。

参 考 文 献

陈宁博. 2014. 牛能量代谢相关四个基因的遗传特征分析［D］. 信阳：信阳师范学院硕士学位论文.

付玮玮. 2016. 牛脂肪细胞分泌因子五个基因遗传特征分析［D］. 信阳：信阳师范学院硕士学位论文.

高汉婷. 2013. 牛 *RXRα* 基因组织表达、多态性及其与生长性状的关联分析［D］. 郑州：河南农业大学硕士学位论文.

高腾云，傅彤. 2009. 对郏县红牛的主动保种问题讨论［J］. 中国牛业科学，（6）：52-53，71.

耿二强，张花菊，刘太宇，等. 2015. 郏县红牛屠宰试验效果测定与分析［A］// 中国畜牧业协会. 第十届中国牛业发展大会论文集［C］. 固原：307-312.

侯飞. 2011. 黄牛 *ANGPTL4*、*GPIHBP1* 基因 SNPs 检测及其与生长性状的关联分析［D］. 咸阳：西北农林科技大学硕士学位论文.

滑留帅，陈宏，雷初朝，等. 2010. 郏县红牛生产性能调查及选育建议［A］// 中国畜牧业协会. 第五届中国牛业发展大会论文集［C］. 滨州：133-138.

江燕，傅彤，廉红霞，等. 2014. 不同产区郏县红牛生态差异性分析［J］. 畜牧兽医学报，（1）：46-55.

金显栋，杨凯，王安奎，等. 2016. 云岭牛高档牛肉主要营养成分和氨基酸含量分析及评价［J］. 中国草食动物科学，（6）：21-24.

李荣荣. 2011. 牛 *LXRα*、*FIAF* 基因多态性及其与生长性状的相关性研究［D］. 咸阳：西北农林科技大学硕士学位论文.

刘远哲. 2015. 郏县红牛生长性能测定及产肉性能分析［D］. 郑州：河南农业大学硕士学位

论文.

马桂变. 2009. 郏县红牛的发展现状和发展思路 [J]. 中国畜牧杂志, (增刊): 184-186.

马桂变. 2011. 郏县红牛的保种方法与选育方向 [J]. 中国牛业科学, 37 (2): 69-70, 73.

马桂变, 李志刚. 2009. 关于郏县红牛产业发展的思考 [J]. 中国牛业科学, 35 (2): 65-67.

马云, 李荣荣, 白芳, 等. 2012. 黄牛与牦牛 *ANGPTL4*-exon 5 多态性与生长性状的相关性 [J]. 西北农业学报, (1): 16-20.

孙太红. 2015. 牛 *PPARα*、*PPARγ* 基因多态性及其与生长性状相关性分析 [D]. 信阳: 信阳师范学院硕士学位论文.

魏成斌, 吴姣, 蔺萍, 等. 2013. 郏县红牛种质资源个性描述 [J]. 中国牛业科学, (1): 54-57.

肖杰. 2007. 郏县红牛建立胚胎基因库的关键技术研究 [D]. 郑州: 河南农业大学硕士学位论文.

肖杰, 孙攀峰. 2012. 郏县红牛同期发情技术研究 [J]. 中国奶牛, (2): 18-21.

杨婷. 2012. 牛 *Angptl3* 基因组织表达、多态性及其与生长性状关联分析 [D]. 郑州: 河南农业大学硕士学位论文.

袁建人, 王俊士, 陈志刚, 等. 1980. 郏县红牛调查报告 [J]. 河南农学院学报, (4): 51-64.

昝林森, 张恩平, 辛亚平, 等. 2006. 秦川牛在不同立地条件下生长发育及肉用生产性能的比较研究 [J]. 家畜生态学报, 27 (6): 33-40.

张法良, 郑二欣, 耿二强, 等. 1996. 郏县红牛选育保种杂交改良工作总结 [J]. 黄牛杂志, 22 (3): 1-4.

张花菊. 2008. 郏县红牛保种育种问题探讨及改进措施 [A] // 中国畜牧业协会. 第三届中国牛业发展大会论文集 [C]. 兰州: 4.

张花菊, 耿二强, 孙红霞, 等. 2015b. 郏县红牛育肥效果试验研究 [A] // 中国畜牧业协会. 第十届中国牛业发展大会论文集 [C]. 固原: 313-316.

张花菊, 刘太宇, 孙红霞, 等. 2015a. 郏县红牛肉用性能测定与分析 [J]. 中国草食动物科学, (3): 13-16.

张花菊, 毛朝阳, 马桂变. 2005. 郏县红牛品种资源保护进展 [J]. 黄牛杂志, 31 (3): 71-73.

张花菊, 孙红霞, 孙斌斌. 2016. 新形势下郏县红牛开发模式探讨 [A] // 中国畜牧业协会. 第十一届中国牛业发展大会论文集 [C]. 达州: 120-122.

张花菊, 张少学, 任霖惠, 等. 2006. 郏县红牛的保种与开发利用 [J]. 中国牛业科学, 32 (2): 56-59.

张怀法, 王发义, 刘中乾, 等. 1989. 郏县红牛调查报告 [J]. 黄牛杂志, (3): 45-48, 55.

张琼琼. 2016. 牛 *PPARα*、*PPARβ* 基因多态性及其与生长性状相关性分析 [D]. 信阳: 信阳师范学院硕士学位论文.

Ma Y, Chen N B, Li F, et al. 2015. Bovine *HSD17B8* gene and its relationship with growth and meat quality traits[J]. Science Bulletin, (18):1617-1621.

Ma Y, Gao H T, Lin F, et al. 2013. Tissue expression,association analysis between three novel SNPs of the *RXRα* gene and growth traits in Chinese indigenous cattle[J]. Chinese Science Bulletin, (17): 2053-2060.

调查人：马云、郝瑞杰、黄洁萍、陈宁博、韩爽、汪书哲
当地畜牧工作人员：丁亚军、卫怀德、李志刚、石奎林
主要审稿人：张英汉、陈宏

第七章

麻城黑山羊

麻城黑山羊（Macheng black goat）产于鄂豫皖三省交界的大别山地区，中心产区为湖北麻城。此外，大别山地区安徽的金寨，河南的新县、光山，湖北的红安、新洲、罗田、团风等地也有分布。麻城黑山羊具有个体大、生长快、屠宰率高、肉质好、膻味轻、耐粗饲、适应性强等优点，既适合山区农户放牧，同时也适宜丘陵、平原地区规模圈养。麻城黑山羊 2002 年经湖北省畜禽品种审定委员会审核通过，列入《湖北省家畜家禽品种志》，2010 年入选《国家级畜禽遗传资源保护名录》。

麻城黑山羊成年公羊的平均体高为 68.0 cm，体斜长为 72 cm，胸围为 85.0 cm，体重为 44 kg；成年母羊的体高为 64.0 cm，体斜长为 69 cm，胸围为 82.0 cm，体重为 38 kg。

麻城黑山羊是比较优良的肉皮兼用型山羊遗传资源，2017 年的存栏数量为 14 万多只。其有较为重要的经济价值，应加强该品种的保种和选育提高，以保护大别山地区家畜资源的遗传多样性。

一、一般情况

1. 品种名称

麻城黑山羊原称"土灰羊""麻羊""青羊"等；因主产于湖北麻城且主毛色为黑色，2002 年经湖北省畜禽品种审定委员会审核通过，正式命名为"麻城黑山羊"。该品种于 1988 年和 2004 年分别被列入《中国羊品种志》（刘正亚等，2015）和《湖北省家畜家禽品种志》（索效军等，2015），是一个肉皮兼用型的优良地方品种。

2. 中心产区及主要分布

麻城黑山羊的中心产区为鄂东北的大别山南麓中段的麻城。此外，安徽的金寨，河南的新县、光山，湖北的红安、新洲、罗田、团风等地也有分布。

3. 产区的自然生态条件及对品种形成的影响

（1）地势、海拔

中心产区麻城位于鄂东北部的大别山南麓中段，地处东经 114°31′～

115°31′，北纬 30°52′～31°37′。北与河南商城、新县以山脊为界，东北同安徽金寨依界岭分水，东抵罗田，南邻罗田、团风和武汉新洲，西连红安，南距黄冈驻地黄州、西南距省会武汉各 100 km。麻城东北高而西南低，形如马蹄。市内北、东北、东南三面是山区，西、西北是宽广的丘陵，中部至西南是河谷冲积平原。市内各山均为大别山及余脉龟山山系，山脉走向多呈西北—东南。三河口镇的康王寨海拔 1337 m，为全市海拔之最高；西南举水附近的陶家寨海拔仅 25 m，为全市之最低。

（2）气候条件

麻城属亚热带大陆性季风气候，具有南温带和北亚热带过渡的气候特点。麻城的极端最高气温为 41.5℃（1959 年 8 月 23 日），极端最低气温为 −15.3℃（1977 年 1 月 30 日），年平均气温为 16℃，年平均日照时数为 1600～2513.1 h，年平均降水量为 1100～1688 mm，光能充足，降水量充沛，四季分明。

（3）水源

麻城全市地表水和地下水总储量为 22.4 亿 m^3，市内有大、中、小型水库 252 座，其中包括明山水库、三河水库、浮桥河水库 3 座大型水库，中型水库 7 座，小（一）型水库 44 座，小（二）型水库 198 座，蓄水量达 33 787.31 万 m^3，适合各种水产品养殖；地下水源储量大、水质好，适宜开发矿泉水和纯净水。麻城市内有大小河流 1580 多条，长 5 km 以上的河流 134 条。市内有举水、巴水两大水系，举水水系流域面积为 3137.3 km^2，是本地最主要的水系，全长 167.7 km；巴水水系流域面积为 506.25 km^2，占全市总面积的 14.04%。

（4）草地及自然植被情况

中心产区麻城地处鄂豫皖三省交界的大别山南麓中段，呈典型的丘陵地貌。全市的草场面积为 1.32×10^5 hm^2，其中 550 hm^2 以上的成片草场有 18 处，大部分为二级草场，亩产鲜草 412～943 kg；牧草和灌木品种主要有杜鹃、胡枝子、白茅、黄背草、狗牙根、马唐等；皇竹草、串叶松香草、白三叶、黑麦草、苇状羊茅等优良牧草年人工种草面积达 1.5 万多亩。水田面积为 37 020 hm^2，旱地面积为 16 250 hm^2；粮食的种植面积为 143 213 hm^2；棉花的种植面积为 6304 hm^2；油料作物的种植面积为 31 311 hm^2；可利用草山草坡面积为 198.4 多万亩。

（5）农作物种类及生产情况

中心产区的农作物主要有水稻、麦类、棉花、油菜、花生、大豆、甘薯、玉米等。2016 年的生产情况：夏粮的产量为 6.25 万 t，秋粮的产量为 42.61 万 t；油料作物的产量为 10.07 万 t，其中花生的产量为 4.12 万 t，油菜籽的产量为 5.7 万 t；棉花的产量为 4039 万 t（施忠秋，2015）。

4. 品种生物学特性

麻城黑山羊的适应性较强，在海拔 100～2000 m 的地区皆能正常生长繁殖，完全能够在大别山地区的高、中、低山段大力发展。其采食能力强，耐粗饲，各种青草、蒿草、树叶等均为麻城黑山羊喜爱的饲料。春、夏、秋季以放牧为主，冬季多为舍饲与放牧相结合，并补喂各种蔬菜嫩叶、花生秸秆及农作物秸秆。

此外，麻城黑山羊的抗病能力强，只要饲养管理得当，一般不会发生疾病。

5. 产品销售情况

麻城黑山羊每年出栏 2 万只左右，其中 95% 以活羊的形式销往广东、广西、福建、上海及省内武汉等地，仅 5% 以羊肉及产品形式销往本地的市场和餐馆，少量皮张销往河南、安徽及湖北武汉等地。麻城黑山羊的活羊及其产品一直供不应求，价格均高于白山羊、猪、禽类等，而且逐年上涨。

二、品种来源及数量

1. 品种来源

麻城黑山羊是从当地体形矮小、适应性强的"土灰羊""麻羊""青羊"土种羊中经过长期选育而形成的体形较大、产肉性能良好的地方优良品种。品种形成主要有三个因素：①产区饲草饲料丰富，全县灌木林多，荒山草坡宽广，为培育和发展麻城黑山羊提供了良好的物质基础；②黑羊种羊的活羊及其产品比白山羊的销售价格高且销路广，推进了麻城黑山羊的发展；③经过当地群众长期选育，去灰选黑、留大卖小、培育发展的结果。到 20 世纪 80 年代，麻城黑山羊的形成进入了飞速发展时期：①麻城黑山羊引起了福田河镇畜牧兽医站的重视，开展了品种资源的挖掘，扩大了生产群体；②湖北农学院的刘长森教授利用大别山科技扶贫项目，从 1987 年开始，开展了麻城黑山羊的调查研究，加强了羊的选种选配，使麻城黑山羊的生产性能得以提高，主要生产性状的遗传性能更趋于稳定；③湖北省畜牧局自 1995 年以来，通过投资和选派科技人员进行技术指导，进一步促进了麻城黑山羊的纯种扩繁和推广工作。为了进一步加强麻城黑山羊的品种选育，2001 年 8 月，湖北省畜牧局直接指导、湖北省农业科学院畜牧兽医研究所提供技术支持，在主产区麻城市铁门岗乡兴建了湖北大别山良种牛羊繁育场，进行麻城黑山羊的纯繁和选育提高，目前存栏核心群种羊达到 2005 年的 800 只，全市的繁殖群种母羊总规模达到 5000 多只，每年可向社会提供纯优质种羊 1 万只以上。经过多方努力，如今的麻城黑山羊各项生产性能都比原有的黑山羊高。

2. 群体数量与规模

2015 年湖北省畜牧局和麻城市畜牧局对 10.28 万只山羊的调查结果显示：麻城黑山羊 56 600 多只，占调查总数的比例为 55.1%；麻城黑山羊种公羊 1047 只，占麻城黑山羊总数的 1.85%，公母比例为 1：20.8；麻城黑山羊能繁母羊 21 791 只，占麻城黑山羊总数的 38.5%；后备公羊 11 037 只，占麻城黑山羊总数的 19.5%；阉羊 11 320 只，占麻城黑山羊总数的 20%；羔羊 11 407 只，占麻城黑山羊总数的 20.15%。羊群结构在自然状态下趋于合理。

调查表明，麻城黑山羊的中心产区麻城共饲养 56 600 多只麻城黑山羊：①母羊 33 113 只，其中能繁母羊 21 791 只；②公羊 23 487 只，其中用于配种的成年公羊 1047 只；③哺乳公母羔羊 11 407 万只，其中哺乳母羔羊的数量为 5662 只；④阉羊 11 320 只，占麻城黑山羊群总数的 20%。

3. 近 15～20 年的消长形势

历史上（1995 年、2005 年、2011 年、2016 年）麻城黑山羊的数量增减变化情况（赵勤涛等，2015）：1995 年存栏羊 2.47 万只，出栏羊 1.78 万只，其中黑山羊存栏 0.74 万只；2005 年存栏羊 10.28 万只，出栏羊 7.86 万只，其中黑山羊存栏 5.66 万只；2011 年存栏羊 14.23 万只，出栏羊 8.49 万只，其中黑山羊存栏 6.77 万只；2016 年存栏羊 27.22 万只，出栏羊 19.75 万只，其中黑山羊存栏 10.54 万只。截至 2017 年底，麻城黑山羊存栏约 12 万只。

麻城黑山羊本品种选育提高工作自 20 世纪 90 年代初就已开始，以福田河镇良种繁育保种基地建设为起点，开展了麻城黑山羊本品种选育提高工作，先后建立了种羊核心群示范场和 6 个乡镇繁殖群，使麻城黑山羊占饲养总数的比例从 20% 逐步提高到 55%。2001 年湖北麻城大别山良种牛羊场组建麻城黑山羊核心群，开展黑山羊的系统选育提高工作，选育后黑山羊的主要生产性能指标：初生重公羊为 1.93 kg、母羊为 1.73 kg，平均提高 0.2 kg；哺乳期日增重公羊为 96 g、母羊为 91 g；断奶至 6 月龄的日增重公羊为 87 g、母羊为 70 g；周岁公母羊的体重分别为 30.4 kg 和 25.3 kg，平均提高 20% 以上；成年公母羊的体重分别为 51.1 kg 和 45.0 kg，平均净增 15 kg 左右；平均产羔率为 346%；羔羊育肥期日增重为 120 g；12 月龄屠宰率为 51.5%；毛色纯黑，遗传性能稳定。目前存栏核心群种羊达到 2005 年的 800 只，全市的繁殖群种母羊总规模达到 5000 只，每年可向社会提供纯优质种羊 1 万只以上。2016 年全市山羊存栏 28.64 万只，其中麻城黑山羊达到了 12.0 万只，麻城黑山羊的优良性状得到了保持和提高（刘正亚，2014）。

三、体 形 外 貌

1. 被毛颜色、长短及肤色

全身被毛为黑色，毛短贴身，有光泽，少数羊初生为黄黑色，3～6 月龄毛色变为黑黄，后又逐渐变黑。被毛粗硬，有少量绒毛，公羊被毛较母羊长，母羊和阉羊全身被毛细短而匀称；公羊的背部毛长为 5～13 cm，母羊为 3～5 cm；公羊的腿及腹侧部毛长为 14～17 cm，母羊为 7～10 cm。麻城黑山羊的皮肤为白色。

2. 外貌特征

（1）体形特征

麻城黑山羊体形高大，背腰平直，四肢健壮，体躯呈圆桶状，体质结实，全身结构匀称。

（2）头部特征

麻城黑山羊头部大小适中，面长额宽。鼻直、嘴齐，眼大突出有神。公母羊均有角或无角，无角羊头略长，近似马头，有角羊角粗壮，公羊角更粗，多呈弧形向后弯曲；角色为粉红色或青灰色，角较粗、对称排列。公母羊皆有胡须，耳较大，一般向前稍下垂，公羊 6 月龄左右开始长髯，有的公羊髯一直连至胸前，母羊一般 1 岁左右长髯。

（3）颈部特征

公羊颈较短粗雄壮、无皱褶、无肉垂（图 7.1），麻城黑山羊母羊颈较细长、清秀（图 7.2）。

扫码见彩图

图 7.1　麻城黑山羊公羊
（调查组于 2017 年拍摄）

扫码见彩图

图 7.2　麻城黑山羊母羊
（调查组于 2017 年拍摄）

（4）躯干特征

麻城黑山羊胸部宽深，肋骨开张，背腰平直，肌肉丰满，臀部长宽，倾斜适度。公羊腹部紧凑，母羊腹大而不下垂，肷窝明显。

（5）四肢特征

麻城黑山羊四肢端正、刚健有力，结构匀称，关节坚实，系部强，蹄端正。公羊管围为 6.8～9.6 cm，母羊管围为 6.1～8.6 cm，蹄质坚实。公母羊行动敏捷，登山能力较强。

（6）尾部特征

麻城黑山羊为短瘦尾，尾短上翘。

（7）骨骼及肌肉发育情况

麻城黑山羊骨骼粗壮结实，结构匀称；肌肉发达，颜色鲜红，膻味轻，肉嫩味美，营养丰富。

四、体尺、体重

据麻城市畜牧局对 3314 只公羊、2948 只母羊的体尺、体重测定结果，成年麻城黑山羊的体尺、体重基本情况如表 7.1 所示。

表 7.1　麻城黑山羊的体尺、体重测定结果

性别	测定数量 / 只	体高 /cm	体斜长 /cm	胸围 /cm	体重 /kg
公	3314	68.0	72.0	85.0	44
母	2948	64.0	69.0	82.0	38

资料来源：数据由麻城市畜牧局提供

五、生产与繁殖性能

1. 产肉性能

麻城黑山羊育肥性能好，在全年放牧的条件下，1 周岁阉羊的体重可达 35 kg，2 岁平均为 58 kg，如进行补料育肥可达 75 kg 左右。在自然饲养条件下对 12 月龄和 2 岁的公母麻城黑山羊各 15 只进行屠宰分割，其测定结果如下：12 月龄麻城黑山羊的屠宰率为 52%、净肉率为 61%、肉骨比为 3.31：1；2 周岁麻城黑山羊则分别为 53%、64% 和 3.92：1；肉用性能良好，而且肉色鲜红，结缔组织少，膻味轻，肉嫩味美，营养丰富。屠宰测定结果详见表 7.2。

表 7.2　麻城黑山羊肉用性能测定结果

年龄	测定数量 / 只	宰前重 /kg	胴体重 /kg	屠宰率 /%	净肉率 /%	大腿肌肉厚度 /cm	腰部肌肉厚度 /cm	肉骨比	眼肌面积 /cm²
1 周岁	30	27.3	14.1	52	61	6.42±1.8	3.69±1.5	3.31：1	7.7±1.65
2 周岁	30	42.9	22.6	53	64	8.54±1.5	4.95±1.5	3.92：1	13.28±2.6

注：测定时间为 2006 年 12 月，采样地点为湖北省麻城市大别山良种牛羊繁育场

麻城黑山羊肉质细嫩，适于鲜食或制成腊肉。当地群众习惯喂肥大阉羊，一般要 2 周岁以上才屠宰，喂养的时间越长，体重越大，产肉量和肌内脂肪越多。麻城黑山羊育肥性能好，在全年放牧的条件下，2 周岁阉羊的体重可达

42.9 kg，屠宰率达 53%，净肉率为 64%，肉骨比为 3.92∶1，眼肌面积为 13.28 cm²；腰部肌肉厚 4.95 cm，大腿肌肉厚 8.54 cm；肉用性能良好，而且肉色鲜红，结缔组织少，膻味轻，肉嫩味美，肌间脂肪分布均匀，营养丰富。

2. 肌肉主要化学成分（包括热能、肌纤维）测定

麻城黑山羊肉质鲜、嫩、膻味小、蛋白质含量高、胆固醇含量低。对该品种羊的肌肉样（公、母各 6 份）进行常规成分（包括热能、肌纤维）测定（委托湖北省农业科学院测定），其结果如下（表 7.3）。

表 7.3　麻城黑山羊肌肉主要化学成分（包括热能、肌纤维）测定结果

性别	水分 /%	干物质 /%	粗蛋白 /%	粗脂肪 /%	粗灰分 /%	燃烧值 /（kJ/kg）	肌纤维直径 /μm	肌纤维密度 /（个 /mm²）
公	75.8	29.62±0.86	21.4	2.4	1.12	18 519.9	57.99±11.93	293±53
母	77.3		19.8	1.0	1.00	21 750.3		

3. 产乳性能

母羊哺乳期的产乳量为（106.54±5.62）kg。乳中常规营养成分含量均较高，乳脂为 58.59～60.52 g/L，乳蛋白为 44.18～46.37 g/L，乳糖为 44.00～47.30 g/L。

4. 繁殖性能

对麻城黑山羊繁殖性能的调查结果如下。

1）性成熟年龄：公羊为 5 月龄；母羊为 4 月龄。

2）初配年龄：公羊为 5 月龄；母羊为 4 月龄，一般利用年限为 5～7 年。

3）配种方式：以本交为主，人工授精为辅。

4）发情季节：春、秋季。

5）发情周期：3 周。

6）怀孕期：150 d。

7）产羔数：初产母羊 75% 产单羔，25% 产双羔；经产母羊 85% 产双羔，10% 产单羔，5% 产多羔，最多可产 5 只羔羊。

8）羔羊出生重：公羔、母羔的平均初生重分别为 1.93 kg 和 1.73 kg。

9）羔羊断奶体重：公羔平均为 9.0 kg，母羔平均为 8.0 kg。

10）哺乳期日增重：公羔平均为 996 g，母羔平均为 991 g。

11）羔羊成活率：80%。

12）羔羊成活率（断奶后）：88%。

六、饲 养 管 理

麻城黑山羊性情温驯，容易管理，主要饲养管理情况如下。

1. 饲养方式

（1）成羊

麻城黑山羊在产区多以放牧＋舍饲的方式饲养，即夏、秋季节在山林草地和田头路边放牧或系牧，收牧后饮水，冬、春季节或在农忙时一般舍饲，在草架上放置作物秸秆和干草，任其采食；也有部分单纯放牧或舍饲的养殖户。母羊很少补精饲料，仅在分娩后的几天饮用拌有精饲料的温盐水。麻城黑山羊在产区多以公母羊混群饲养，但农户多会有意识地定期交换公羊。

（2）羔羊

羔羊培育是指羔羊断乳前（2～3 个月）的饲养管理，必须掌握 3 个关键：①加强泌乳母羊的补饲，使奶水充足；②及时做好羔羊的补饲；③对母仔要精心细致地照顾管理，羔羊舍要注意卫生，冬季保暖，夏季通风，垫草勤换，圈舍勤打扫，保持干燥，喂给清洁的饮水，同时做好预防注射。根据用途和饲养条件，要及时做好去势、驱虫、称重等工作。羔羊出生后 1～3 d，一定要让羔羊吃上"初乳"，以利于羔羊排除胎便和增强体质、增加免疫机能。对初产母羊或母性不强的母羊，要人工辅助羔羊吃乳。羔羊生后一周内容易发生羔羊痢疾，要做好防治工作。羔羊生长到 15～20 d 时开始训练吃草料，饲草的质量、适口性要好，以玉米、豆饼等配成混合料，自由采食，满足供给。

2. 舍饲期补饲情况

舍饲期应根据黑山羊的性别、年龄、强弱、生理阶段进行分栏饲喂，在喂给充足草料的同时进行适当补料。精饲料＋秸秆＋青贮搭配，青、干搭配，保持合理的草料结构，添加微量矿物元素及维生素以弥补草料的不足，严把质量关，以防食入霉烂变质的草料。舍饲的山羊应有适当的运动，并且保证充足的水源。

七、科 研 进 展

1. 遗传特征研究

目前已开展的遗传特征相关研究工作主要有：①麻城黑山羊微卫星标记多态性分析及其与杂种优势关系的研究；②*GDF9* 基因部分片段的多态性分

析等。

2. 保种和利用计划

提出过保种和利用计划，并于 2000 年在麻城市建立了麻城市麻城黑山羊种羊场，其位于湖北省麻城市铁门岗乡，占地面积为 2000 亩，有畜舍 1500 m²，围栏式人工草地 2100 亩、高产青饲料地 1000 亩，安装有草地喷灌系统，场内牧草种植及收获机械完备，饲养品种以当地的麻城黑山羊和自澳大利亚引进的澳洲矮牛为主，已经种植优良牧草红三叶、白三叶、苇状羊茅、黑麦草 2500 亩，实行围栏分区轮牧，现存栏优质麻城黑山羊 600 只。

3. 建立品种登记制度

曾于 1995 年由麻城市畜牧局做过品种登记。

八、评价与展望

品种主要的遗传特点和优缺点，是可供研究、开发和利用的主要方向。

麻城黑山羊是大别山区优良的地方山羊品种，具有个体大、生长快、屠宰率高、肉质好、繁殖力强等特点，是湖北省优良的肉皮兼用地方山羊品种，经过多年提纯选育、选种选配育成，遗传性能稳定，皮肉兼用，是农业部"黑山羊"种质资源保护对象，已成为湖北省畜产品中的精品。

麻城黑山羊全身被毛纯黑，体形高大、增重快、繁殖率高、肉质好，既适合放牧，又可圈养；一年两胎，一胎两至三羔；肌纤维细嫩、肉质好，营养丰富，易消化，具有健体强身的食补药疗功效。但由于其主产区多以放牧方式饲养，管理较为粗放，虽然经过了 20 多年的人工选种选配，生产性能有所提高，但与国内外其他优良品种相比还有一定差距。产区目前已经建立了麻城黑山羊种羊场，今后要以此为契机，建立健全核心育种场和繁殖场，继续选种选配，改善饲养管理，保持遗传稳定，并进一步提高其生产性能。

参 考 文 献

陈东东. 2008. 过瘤胃保护胆碱的研究和开发 [D]. 武汉：武汉工业学院硕士学位论文.

陈东东，王春维. 2008. 过瘤胃氯化胆碱对山羊生长性能和血液生化指标的影响 [J]. 饲料工业，（21）：31-33.

李晓锋. 2012. 2 个山羊品种的 10 个微卫星标记多态性及其与杂种优势关系研究 [D]. 北京：中国农业科学院硕士学位论文.

李晓锋，陈明新，黄倜慎，等．2002．麻城黑山羊主要生产性能观测［J］．湖北农业科学，（5）：136-138．

李晓锋，马月辉，熊琪，等．2013．麻城黑山羊微卫星标记多态性分析［J］．湖北农业科学，（18）：4454-4468．

李晓锋，张年，索效军，等．2012．波麻杂交羊毛色分化的初步研究［J］．黑龙江畜牧兽医，（17）：47-50．

李助南，袁微．2009．麻城黑山羊选育效果观测［J］．安徽农业科学，（19）：8996-9010．

刘正亚．2014．不同血管瘘手术安装方法对山羊营养物质吸收和利用的影响［D］．武汉：武汉轻工大学硕士学位论文．

刘正亚，张丹丹，方勇，等．2015．两种安装多位点血管瘘手术方法对山羊机体免疫应激的影响［J］．中国畜牧杂志，（23）：63-65．

刘中流．2010．复合异位酸对山羊营养物质消化的影响［D］．武汉：武汉工业学院硕士学位论文．

刘中流，唐兴，田雯，等．2010．复合异位酸对山羊小肠氨基酸流通量和表观消化率的影响［J］．饲料工业，（15）：38-41．

刘中流，田雯，唐兴，等．2011．复合异位酸对山羊瘤胃消化代谢的影响［J］．中国畜牧杂志，（21）：45-48．

柳英．2005．提高双低菜籽皮对反刍动物营养价值的研究［D］．武汉：华中农业大学硕士学位论文．

施忠秋．2015．RT-PCR结合AVF技术研究热应激对山羊肝脏糖异生的影响及机理［D］．武汉：华中农业大学硕士学位论文．

索效军，陈明新，张年，等．2009a．波尔山羊与麻城黑山羊杂交一代肉用性能分析［J］．江苏农业科学，（6）：298-300．

索效军，陈明新，张年，等．2009b．麻城黑山羊与波尔山羊杂交改良效果研究初报［J］．湖北农业科学，（10）：2507-2510．

索效军，陈明新，张年，等．2010a．麻城黑山羊的种质特性［J］．江苏农业科学，（1）：207-209．

索效军，张年，李晓锋，等．2010b．麻城黑山羊及杂交后代的肥育与胴体性能［J］．湖北农业科学，（10）：2482-2488．

索效军，张年，李晓锋，等．2011a．湖北黑头羊选育初报［J］．湖北农业科学，（20）：4235-4237．

索效军，张年，李晓锋，等．2011b．麻城黑山羊及杂交后代的胴体品质与肉质特性［J］．西北农业学报，（5）：10-16．

索效军，张年，熊琪，等．2011c．五个山羊品种GDF9基因部分片段的多态性分析［J］．湖北农业科学，（18）：3863-3865．

索效军，张年，熊琪，等．2013．麻城黑山羊母羊体质量与体尺的回归分析［J］．东北农业大学学报，（12）：63-67．

索效军，张年，熊琪，等．2015．麻城黑山羊生长曲线的拟合与分析［J］．江苏农业科学，

（11）：291-293.

陶佳喜. 2003. 麻城黑山羊的特性及生活习性［J］. 农业科技通讯，（10）：22.

涂华荣. 2005. 脱皮双低菜粕对反刍动物的营养价值和饲养效果研究［D］. 武汉：华中农业大学硕士学位论文.

王党伟. 2013. 基于遗传标记的乌骨山羊群体遗传结构的研究［D］. 武汉：华中农业大学硕士学位论文.

余思义，李亚东，张淑君，等. 2005. 不同类群麻城黑山羊饲养对比试验及经济效益分析［J］. 湖北农业科学，（2）：94-96.

张春艳. 2010. 山羊繁殖性状的影响因素和遗传规律及分子调控机制研究［D］. 武汉：华中农业大学博士学位论文.

张年. 2012. 麻城黑山羊及其杂交后代肥育性能及肉品质研究［D］. 北京：中国农业科学院硕士学位论文.

张年，陈明新，索效军，等. 2010. 波尔山羊与麻城黑山羊杂交一代生产性能研究［J］. 黑龙江畜牧兽医，（7）：49-51.

张年，索效军，陈明新，等. 2008. 波尔山羊与麻城黑山羊杂交F1代品质性状研究［J］. 安徽农业科学，（26）：11344-11345，11377.

张年，索效军，李晓锋，等. 2012. 麻城黑山羊及其杂交一代肉质特性的研究［J］. 黑龙江畜牧兽医，（15）：55-58.

张年，索效军，熊琪，等. 2011. 杂交改良对麻城黑山羊肌肉化学成分的影响［J］. 湖北农业科学，（22）：4667-4673.

赵勤涛，刘桂琼，姜勋平，等. 2015. 湖北乌羊与3个地缘邻近山羊品种间的遗传趋异性研究［J］. 农业生物技术学报，（4）：521-529.

《湖北省家畜家禽品种志》编辑委员会. 2004. 湖北省家畜家禽品种志. 成都：湖北科学技术出版社.

《中国羊品种志》编写组. 1988. 中国羊品种志. 上海：上海科学技术出版社.

调查人：马云、赵存真、韩爽、张凯丽
当地畜牧工作人员：朱乃军、李晓锋
主要审稿人：李晓锋

第八章

槐 山 羊

　　槐山羊（Huai goat）是我国优良的地方皮肉用山羊品种，中心产区位于河南、安徽和江苏三省交界地区，广泛分布于河南的周口、驻马店、商丘等地，安徽的阜阳、宿县、亳州等地，以及江苏的睢宁、丰县、铜山等地。河南周口为槐山羊的主产区，其辖区内的沈丘、淮阳、项城和郸城四县（市）为中心产区。

　　槐山羊具有皮质好、肉质细嫩、膻味少、产仔率高、生长快、耐粗饲、适应性强等特点。槐山羊体格中等，体躯呈楔形或长方形；背腰平直，胸深而宽，肋骨开张良好，中躯呈圆桶形；分有角和无角两个类型，有角羊的体格小于无角羊；无角羊具有"三长"（即颈长、腿长、腰身长）、有角羊具有"三短"（即颈短、腿短、腰身短）的特点，羊角纤细多呈倒"八"字形。成年羊的体高：公羊为72.63 cm，母羊为65.18 cm；体斜长：公羊为69.50 cm，母羊为68.41 cm；胸围：公羊为90.13 cm，母羊为81.19 cm；体重：公羊为62.75 kg，母羊为39.54 kg；胸宽：公羊为24.3 cm，母羊为17.87 cm；胸深：公羊为34.23 cm，母羊为29.23 cm。

　　2017年符合品种要求的纯种槐山羊数量不足20万只。外来品种大面积杂交对该品种冲击很大，保种形势较为严峻。槐山羊是比较优良的皮肉兼用型山羊遗传资源，有较为重要的经济价值，应加强对该品种的保种和选育提高，以保护大别山地区家畜资源的遗传多样性。

一、一 般 情 况

1. 品种名称

　　畜牧学名称黄淮山羊，俗名槐山羊，包括槐山羊、安徽白山羊、徐淮白山羊三个类群。

2. 中心产区和分布

　　槐山羊是我国一个古老的地方优良品种，广泛分布于河南的周口、驻马店、商丘、许昌、开封、安阳等市，安徽北部的阜阳、宿县、亳州、淮北、滁州、六安、合肥、蚌埠、淮南等地，以及江苏的睢宁、丰县、铜山等地。槐山羊原产于黄淮平原，中心产区位于河南、安徽和江苏三省交界地区，其中周口为槐山羊的主产区，其辖区内的沈丘、淮阳、项城和郸城四县为中心产区；台前和息县为其边缘产区，两边缘产区分别位于周口以北的濮阳和以南的信阳。据 1980 年统计，有羊 710 余万只，其中河南占 50%，安徽占 35%，江苏占 15%。

3. 产区的自然生态条件

中心产区位于华北平原南部，主要由黄河、淮河下游的泥沙冲积形成。全区地势平坦，土壤肥沃，主要土壤类型分为潮土、砂姜黑土两大土类，潮土类占总面积的 56.6%，砂姜黑土类占总面积的 43.4%，区内土壤有机质平均含量为 1.4%，土壤肥力为中等。中心产区属暖湿带半湿润大陆性季风气候，四季分明，光热资源丰富，雨量较为充沛，水热同期。年平均日照时数为 2176.5 h，日照率为 49%，太阳辐射总量为 493.47 J/cm^2，年平均气温为 14.7℃，年无霜期平均为 224 d，年平均降水 790 mm。中心产区沈丘县是全国粮食生产大县，农作物以小麦、玉米、大豆、花生和薯类为主，农副产品及饲草饲料资源丰富。每年产小麦秸秆 50 万 t，玉米秸秆 34 万 t，麸皮、饼粕、糟渣等 16 万 t。

二、品种来源及数量

1. 品种来源

槐山羊是我国优良的地方皮肉山羊品种，原产地和中心产区是河南周口的沈丘。据资料记载，1865 年槐店有 8 家皮庄、6 家肉行和数家羊汤馆。当地以冬三月为盛宰期，从农历七月十五开刀，十月十五（下霜）到次年正月十五大宰，直至三月十五封刀。盛宰期，日宰山羊 1000～6000 只，其制皮时运刀讲究、做工精巧、晒制平展、管理精细，根据大小分类打捆，每捆 240 张，每张板皮都打上"槐"字和皮庄字号，运往汉口，经上海口岸出口，故称"汉口路槐皮"；从 1861 年开始在国际市场畅销，为我国大宗出口商品之一，销量居世界第二位。多年来，美国、英国、德国、法国、意大利等十几个国家和地区都争相抢购槐皮。槐山羊广泛分布在河南的周口、驻马店、商丘、许昌、开封、安阳等市，以周口为主产区，沈丘为中心产区。河南进行畜禽品种资源调查时第一次称槐山羊。1990 年，河南省质量技术监督局发布了槐山羊的河南省地方标准；2009 年 11 月，河南省畜牧局确定槐山羊为河南省畜禽资源保护品种。槐山羊经过当地农民的精心选育，逐步成为适合当地生态环境的优良皮肉用山羊品种。

2. 调查概况

本次调查从 2017 年 10 月开始，历时一个月在河南周口槐山羊中心产区及安徽阜阳、六安进行了实地调查，调查步骤如下：①在学术刊物上检索有关槐山羊的文献资料；②在周口市畜牧局及沈丘县畜牧局查得 20 世纪 80 年代有关槐山羊的调查资料及近 5 年的存栏量报表，确定调查地点；③在沈丘县杰瑞槐山羊良种繁育场共获得 80 头羊的体尺数据，并拍摄照片。

3. 群体数量

据 1980 年统计，河南、安徽、江苏三省的槐山羊存栏总数为 710 余万只。2013 年底统计，槐山羊中心产地周口的槐山羊存栏量为 68 万只，槐山羊规模养殖场（户）有 892 个，其中存栏 200 只以上的有 28 个。2017 年周口规模养羊户缩减到 100 多个，槐山羊存栏量为 65.92 万只，其中公羊 11.3 万只，母羊 54.62 万只。符合品种要求的纯种槐山羊约 14 万只，加上分布在驻马店、信阳、许昌等 5 个地市，安徽阜阳、六安等地区，以及江苏徐州的睢宁、丰县、铜山等县（市）的槐山羊，总数不到 20 万只。

三、体 形 外 貌

槐山羊的适应性强，具有皮质好、肉质细嫩、膻味小、产仔率高等特点。槐山羊皮号称"汉口路槐皮"。槐山羊体格中等，体躯呈楔形或长方形；背腰平直，胸深而宽，肋骨开张良好，中躯呈圆桶形；公羊前躯高于后躯，睾丸紧凑（图 8.1）；母羊后躯高于前躯，乳房发育良好，呈梨形（图 8.2）；骨骼细而结实，肌肉发育适中。槐山羊被毛短、有丝光，分布均匀，绒毛少，以白色为主，占91.7%，杂色（黑色、青色、浅棕色、花色）占 8.3%；皮肤紧凑，肤色粉红；头型大小适中，额宽嘴尖，鼻梁平直，面部微凹，颌下有髯，眼大耳小；分有角和无角两个类型，有角羊的体格小于无角羊，羊角纤细、多呈倒"八"字形；颈部细、中等长，无皱纹，部分羊颈下长有一对肉垂；四肢端正、细长，后肢发达；蹄质坚硬结实，呈蜡黄色。

四、体尺、体重

2006 年 11 月及 2017 年 11 月，沈丘县畜牧局对成年槐山羊分别进行了两次生长发育指标的测定，结果分别见表 8.1 和表 8.2。

扫码见彩图

图 8.1　槐山羊公羊
（调查组于 2017 年在沈丘县
杰瑞槐山羊良种繁育场拍摄）

扫码见彩图

图 8.2　槐山羊母羊
（调查组于 2017 年在沈丘县
杰瑞槐山羊良种繁育场拍摄）

表 8.1　2006 年槐山羊体尺、体重指标测定结果

性别	体高 /cm	体斜长 /cm	胸围 /cm	体重 /kg	胸宽 /cm	胸深 /cm
公	79.43	78.02	88.63	62.75	24.3	34.23
母	60.27	71.91	81.19	39.54	17.87	29.23

表 8.2　2017 年槐山羊体尺、体重指标测定结果

性别	体高 /cm	体斜长 /cm	胸围 /cm	体重 /kg	管围 /cm
公	72.63	69.50	90.13	62.75	12.00
母	65.18	68.41	81.19	39.54	8.71

五、生产与繁殖性能

1. 产肉性能

　　槐山羊的膘情以秋末冬初最好，多于 7～10 月龄宰杀，过周岁者很少。成年公羊的平均体重为 35 kg，母羊的平均体重为 34 kg。一般 9 月龄即可达到成年羊体重的 90%，屠宰率为 50%，净肉率为 40%。槐山羊肉质细，多瘦肉，少脂肪，膻味小，蛋白质丰富，营养价值高，胆固醇含量低，煮汤烹调适口，风味独特。

2. 皮用性能

　　槐山羊板皮品质极佳，皮形为蛤蟆状，其质量根据屠宰时间和毛长而定。当年的春羔，中秋节前后宰杀剥皮称为"短毛白"，质量最差；晚秋初冬宰杀剥皮称为"中毛白"，质量最好；冬季或早春宰杀剥皮称为"长毛白"，质量稍差。板皮的肉面为浅黄色和棕黄色，油润光亮，有黑豆花纹，俗称"蜡黄板"或"豆茬板"，板质致密，毛孔细小而均匀，分层薄而不破碎，折叠无白痕，拉力强而柔软，韧性大而弹力高，是制作"锦羊革"和"苯胺革"的上等原料。

3. 毛用性能

槐山羊的被毛由白色、短的针毛（粗毛）和绒毛（细毛）组成，外层毛的自然长度为 4.71 cm，周岁时羊毛密度为 2677 根/cm²，其中粗毛 487 根，绒毛 2170 根，粗、细毛之比为 1∶4.5，粗细毛的平均细度分别为 47.12 pm 和 11.40 pm，板皮上的毛孔排列状况呈月牙状，每两根粗毛之间有一束细毛。槐山羊的被毛密度在我国短毛山羊品种中最密，而粗、绒毛细度是五大类山羊品种中最细的。山羊板皮粒面的粗细与针毛的粗细、毛孔的大小、针毛在皮层上分布的密度及乳头突起的高度有关。槐山羊板皮的针毛较细，毛孔较小，分布较密，乳头层的乳头突起比较平坦，沟纹较浅，因此，板皮粒面光滑细致，是生产打光苯胺鞋面革和正面服装革的优质原料。较厚的板皮可分剥 2～3 层。

4. 繁殖性能

槐山羊性成熟较早，一般母羊羔 2～3 月龄即初次发情，6～8 月龄达到性成熟；公羊羔 50 d 左右有性欲表现，8～10 月龄达到性成熟。母羊的初配年龄一般为 6～8 月龄，繁殖使用年限为 6～8 年；公羊的最初使用年龄在 9～12 月龄，使用年限为 3～4 年。发情周期为 16～24 d，一般是 21 d，发情持续时间为 24～48 h。母羊一年四季均可发情，但多集中在秋冬季节，母羊产后 20～40 d 又可发情配种；在气温较高、雨水较多的 7～9 月，公羊精液品质较差，母羊发情少，繁殖率低于全年其他月份；11～12 月的配种受胎率、繁殖率最高。1 只公羊可使 250～300 只母羊受孕。母羊的怀孕期为 143～156 d，一般是 150 d。正常情况下，母羊 1 年 2 胎或 2 年 3 胎，每胎产羔 2～4 只，最多可达 6 只；母羊的产羔率在 1 岁时较低，2～4 岁最高，5 岁以后明显下降。据统计，产单羔母羊占 15.5%，双羔占 45.3%，三羔占 29.2%，四羔占 10.0%。羔羊的初生重平均为 2.68 kg，其中公羊为 2.75 kg，母羊为 2.61 kg；羔羊的平均断奶重公羊为 8.38 kg，母羊为 7.14 kg，断奶日龄平均为 117 d；哺乳期日增重公羊为 45.27 g，母羊为 41.59 g。断奶后，羔羊每窝平均成活 3.2 只，羔羊成活率平均为 96.23%。

5. 适应性和抗病力

槐山羊的适应性较强，能够常年正常生长繁殖，并且采食能力强，耐粗饲，各种青草、树叶、花生秧、红薯秧、麦秸等均为其喜爱的饲料。常年圈养，春夏青草丰富的季节多采用放牧加补饲方式饲养，规模羊场多数喂青贮玉米秸秆和粉碎麦秸，并补喂各种青绿饲料和蔬菜嫩叶。槐山羊的抗病能力强，要重视防疫和驱虫防病，只要饲养管理得当，一般不会发病。

六、饲养管理

1. 日常饲养原则

1）定时：按比较固定的时间喂羊，有利于羊的消化吸收和形成条件反射。

2）定量：通过观察试验，确定草量、料量，做到既不浪费又能吃饱。草料种类不要经常调换，需调整时要逐渐过渡，保证草料无霉变。清洁饮水，补食盐，饲喂前保证料槽内无异物。

2. 日常饲喂流程

羊群巡视→拌草→清理料槽→上草并观察羊采食情况→查看食盐和水→清扫圈舍走廊（注意观察每只羊）→病羊诊治→羊群巡视（看草料及圈舍门窗）。

3. 羔羊的管理（培育）

羔羊生后 10 日龄就应开始补饲，从 15 日龄就应开始补混合饲料，补料量应根据情况灵活掌握，奶量充足的可以少补，总之一个补料期（4 个月）约需精饲料 12 kg。精饲料可为粉碎的豆饼、玉米、麸皮、食盐等，也可掺入一些胡萝卜、白萝卜等，切碎后放在饲槽内任其自由采食。正式补喂时，应定时定量。生后 20 日内母子同圈，羔羊自由吃奶。20 日龄后可把母子分开定时喂奶。

4. 育成羊的舍饲

每 100 kg 混合精饲料加食盐 2 kg、骨粉 2 kg、钙粉 1 kg。出生后 4～6 个月，仍需注意精饲料的喂量，每日喂混合精饲料 300～400 g，其中可消化粗蛋白含量不低于 15%。日粮中营养不足的部分均应用干草、青草或青贮饲料来补充。

5. 母羊的饲养管理

（1）配种准备期

配种准备期即从羔羊断奶至母羊配种受胎的时期，是母羊抓膘复壮，为配种妊娠贮备营养的时期。只有将羊膘养好，才能达到全配满怀、全生全壮的目的。

（2）妊娠前期

一般来说日粮可由 50% 的苜蓿、30% 的干草、15% 的青贮玉米秸和 5% 的精饲料组成。

（3）妊娠后期

要求在临产前的 5～6 周将精饲料量提高到日粮的 20% 左右，以供给充足的营养。

6. 种公羊的饲养管理

一般在配种旺季每只羊每天补饲混合精饲料 1.0～1.5 kg，鲜青草、干青草任意采食，骨粉 10 g，食盐 15～20 g；采精次数较多时可加喂鸡蛋 2～3 个（带皮揉碎，均匀拌在精饲料中），或脱脂乳 1～2 kg。

七、科 研 进 展

1. 研究工作

截至目前，开展的相关研究有：①槐山羊精液品质分析与繁殖性能研究；②槐山羊群体遗传多样性的微卫星标记分析及其与体尺性状的关系；③槐山羊重要功能候选基因的 SNP 检测及其多态性与槐山羊经济性状的关联分析；④槐山羊 mtDNA D-loop 区的序列变异与系统发育的关系研究；⑤槐山羊屠宰性能及肉品质研究；⑥槐山羊常见疾病防治研究；⑦日粮不同添加成分对槐山羊消化代谢的影响研究等。

2. 保种场建设

在槐山羊的中心产区河南省沈丘县建立了槐山羊核心保种场：沈丘县槐山羊良种繁育有限公司和沈丘县杰瑞槐山羊良种繁育场。沙颍河南岸的周营、石槽、莲池、范营和老城 5 个乡镇被划定为槐山羊保种区，组建槐山羊核心群。其他区域有计划地开展经济杂交。

2012 年，以沈丘县槐山羊良种繁育有限公司为依托，组建了周口市槐山羊良种繁育技术工程中心，以该中心为平台，开展了槐山羊规模化标准化养殖技术、槐山羊提纯复壮良种繁育技术、槐山羊种质资源保护与产业化开发利用等课题研究。

安徽省阜阳市太和县好好山羊养殖场建立于 2007 年，其专门饲养黄淮白山羊，并开展黄淮山羊的保种选育工作，养殖场制订了黄淮山羊资源保种及开发利用方案，建立了黄淮山羊育种核心群和选育群，扩大了繁殖基础母羊群，加大了种羊的选育力度，使黄淮山羊的群体质量和数量有了较快的提高和增长。现饲养黄淮山羊 1400 只，其中建有核心群 262 只，种公羊 31 只，种母羊 256 只。

3. 选种选育及保种方案

制订了槐山羊选种保种方案。采取综合指数评定方法，以个体性能测定和后裔测定为主，同胞测定和系谱选择为辅，综合利用多种资料，坚持本品种选育。

（1）个体性能测定

坚持每年春末（或羔羊断奶前）和秋初（或母羊配种前）进行两次个体性能测定。根据个体的性能表现和外貌特征进行鉴定、定等和淘汰。羔羊和育成母羊的选淘率分别确定为 10% 和 25%，在具体选淘时，遵循如下原则：①选择符合品种特征、性能表现突出的公、母羊留种；②选择裘皮型种羊留种；③选择体量大、生长发育快的后备羔羊留种；④选择能四季发情、容易配种、胎产羔数多的母羊及其后代留种；⑤选择初情早、配种早而又产多羔的母羊及其后代留种；⑥选择断奶重大的多胞胎公、母羊及其后代留种；⑦选择睾丸大、发育好的公羊及其后代留种。

（2）后裔测定

后裔测定的方法选用母女对比法和同龄后代对比法，以便尽早、尽快又较为准确地确定种公羊的种用价值。

母女对比法根据父母双亲对后代的遗传贡献各占一半的基本原理，对比说明种公羊的种用价值。同龄后代对比法根据同龄同期雌性后代的表现，用性能平均差值对比说明种公羊的种用价值。但应尽量把测定公羊的全部雌性后代均匀分配到不同的羊群中，环境条件力求一致。

4. 配种制度

（1）配种

根据羊的特点，种羊场采用人工辅助交配法，即根据公、母羊的个体性能表现确定配种计划，适时进行配种。

（2）选配原则

①参与配种的种公羊和种母羊必须品质优秀，个体选配的种公羊必须符合特级标准；②不允许有相同或相反缺陷的种公、母羊选配；③及时总结选配结果，不断修正和完善配种计划，慎重使用近亲交配。

5．保种繁育体系

建立三级繁育体系，即种羊场设立核心群和繁育群，社会上选择建立生产群，通过统一选育方案形成合作育种模式。

（1）核心群

集中羊品种内品质最好、符合选育目标的优秀个体，以选育提高为目标，逐步培育高繁殖力的羊群。

（2）繁育群

繁育群主要由特、一级母羊组成，性能表现较为突出。以扩繁推广为主要目标，推广面以生产群及其他产区的羊群为主。

（3）生产群

生产群主要以群选群育和繁育推广为主，接受种羊场的技术指导，以商品生产为主。

6．个体种羊等量留种保种

选留一代槐山羊种羊 100 只，其中种公羊 20 只、种母羊 80 只；选留二代槐山羊种羊 100 只，其中种公羊 20 只、种母羊 80 只；选留三代槐山羊种羊 100 只，其中种公羊 20 只、种母羊 80 只；选留四代槐山羊种羊 100 只，其中种公羊 20 只、种母羊 80 只。

八、评价与展望

1．品种评估

槐山羊是我国的山羊良种之一，具有体质结实、毛细而匀、皮质细密而有弹力的特点。槐山羊的产肉性能好，净肉率为 38.9%，肉质鲜嫩，膻味小，是皮肉兼用型优良品种。槐山羊的板皮具有皮质厚、板面细、油性好、韧性好、弹性强等优点，是制作各级皮革制品的优良材料。槐山羊的形成历史久远和分布广泛，奠定了其在大别山地区乃至我国畜禽遗传资源中的重要地位。

2．存在的问题

1）随着外地品种的引进杂交，纯种槐山羊的数量急剧减少，目前纯种数量已不多，尤其在安徽和江苏，槐山羊保种形势比较严峻。

2）饲养管理方式落后：槐山羊养殖长期处于农户散养状态，饲养管理粗放，没有制订科学的槐山羊饲养规范。羊群每到冬季便长期处于饥寒交迫之中，致使生产周期延长，经济效益降低。

3）产品加工技术落后：目前槐山羊产出的羊绒、羊肉、羊皮等产品，基本上都是以原料的形式销售，未作加工或仅简单粗加工，产品价格一般偏低。而且经营管理销售渠道不稳定，经济出现市场疲软，在一定程度上挫伤了农民养羊的积极性。

4）缺乏槐山羊资源保护和产业化开发工作的长效机制；槐山羊种质资源保护技术投入少，产业化开发规模小。

3. 对策与措施

建议主管部门采取强有力的措施，加大财政和技术力量的投入，对槐山羊采取科学、合理、有效的保种措施。当前应该做好以下工作：①加大宣传力度，通过政府支持和培植龙头企业，在中心产区开展槐山羊的本品种繁育和就地保种，提纯复壮槐山羊种群。②在保种区以外的区域引入杂交模式，发展商品槐山羊生产，在槐山羊的保种区以外，建立槐山羊开发区；在开发区域内选择肉用性能好的波尔山羊、南江黄羊或其他良种与槐山羊进行杂交，缩短生产周期，提高槐山羊的肉用价值和经济效益。③做好槐山羊产品系列加工，提高产品价值，组织引进先进设备和先进技术，组建槐山羊皮、肉、毛等系列制品综合加工企业，生产市场畅销的槐山羊毛工艺品、富有特色的真空包装羊肉熟制品和槐山羊高级皮革系列服装等高档用品。拉长产业链条，提高综合效益，从而带动槐山羊规模化、产业化生产的发展。④开展槐山羊产品多用途研究，挖掘槐山羊的综合利用价值。槐山羊产出的板皮、羔皮、尾毛、山羊绒、肠衣、胆汁等均是传统的出口物资，在对外贸易中占有一定位置。槐山羊绒细软、洁白，手感滑爽，质地优良，在国际市场上价格很高。槐山羊肉脂肪少、瘦肉多、蛋白质丰富、胆固醇含量低，长期食用可软化血管、预防高血压。

4. 展望

通过对槐山羊良种资源实施重点保护，目前在河南，槐山羊保种已取得了阶段性进展，槐山羊遗传资源的产业化开发利用已初步形成了以保护促开发、开发促保护的良性循环机制。槐山羊养殖水平明显提高，有效推动了养羊业的发展。在安徽阜阳太和已建立了安徽省第一家黄淮山羊种羊场。大力发展槐山羊养殖业，具有广阔的市场和空间。

参 考 文 献

艾君涛. 2005. 山羊繁殖和生长性状的分子遗传多样性研究及关联分析［D］. 南京：南京农

业大学硕士学位论文.

陈冰. 2008. 河南地方山羊品种遗传多样性的微卫星标记分析及与体尺性状的关系 [D]. 郑州：河南农业大学硕士学位论文.

陈冰, 刘德稳, 付彤, 等. 2010. 河南地方山羊品种的遗传多样性 [J]. 应用生态学报, (4)：979-986.

邓雯, 庞有志, 薛帮群, 等. 1998. 槐山羊在豫西地区繁殖性能适应性研究 [J]. 黑龙江畜牧兽医, (7)：11-13.

韩志国. 2012. 河南省地方山羊生态类型研究 [D]. 郑州：河南农业大学硕士学位论文.

贺丛, 高腾云, 邓立新, 等. 2008. 河南奶山羊与槐山羊的屠宰性能和肉质性状 [A] // 河南省畜牧兽医学会. 河南省畜牧兽医学会第七届理事会第二次会议暨 2008 年学术研讨会论文集 [C]. 郑州：4.

贺丛, 贺文, 田亚磊. 2007. 奶山羊与槐山羊的屠宰性能和肉质性状 [J]. 湖南畜牧兽医, (5)：6-9.

胡敏兰. 2009. 山羊 *GnRHR* 和 *ESR* 基因多态性及其与繁殖力的关联分析 [D]. 合肥：安徽农业大学硕士学位论文.

江燕, 李娜, 傅彤, 等. 2015. 槐山羊中心产区与边缘产区生态类型研究 [A] // 中国畜牧兽医学会养羊学分会. 2015 年全国养羊生产与学术研讨会论文集 [C]. 登封：1.

姜勋平, 黄永宏, 李军. 1998. 苏北槐山羊适宰体重研究 [J]. 中国养羊, (1)：41-43.

李婉涛, 刘延鑫, 李新正, 等. 2010. 河南省 3 个山羊品种 mtDNA D-loop 区的序列变异与系统发育关系研究 [J]. 河南农业科学, (3)：100-102.

马晓锐, 董凤华, 张明魁. 2002. 槐山羊品种资源保护和开发利用的有效措施 [J]. 河南畜牧兽医, (10)：16-18.

孟丽娜, 李婷, 张英杰, 等. 2014. 4 个山羊品种 *GDF9*、*BMP15*、*FSHR* 基因的多态性分析 [J]. 河南农业科学, (7)：144-149.

潘军, 曹玉凤, 吕超, 等. 2012. 食用菌栽培对棉籽壳营养价值及山羊瘤胃动态降解率的影响 [J]. 中国生态农业学报, (1)：93-98.

庞训胜. 2009. 高繁殖力黄淮山羊类固醇激素分泌特点与卵泡颗粒细胞基因差异表达的研究 [D]. 南京：南京农业大学博士学位论文.

祁昱. 2008. 中国 10 个山羊品种遗传多样性的微卫星分析 [D]. 咸阳：西北农林科技大学硕士学位论文.

权凯, 李婉涛, 李新正. 2008. 槐山羊精液品质分析 [J]. 河南农业科学, (5)：114-115.

石晓卫. 2008. 黄淮山羊骨形态发生蛋白 -4（*BMP-4*）基因的克隆与表达 [D]. 兰州：甘肃农业大学硕士学位论文.

谭旭信, 白跃宇. 2012. 信阳地区槐山羊血缘更新提纯复壮选育与肉羊生产体系构建 [A] // 中国畜牧兽医学会养羊学分会. 中国畜牧兽医学会养羊学分会 2012 年全国养羊生产与学术研讨会论文集［C］. 衡阳：3.

田亚磊. 2009. 河南地方绵、山羊品种的种质特征的研究［D］. 郑州：河南农业大学硕士学位论文.

田亚磊，高腾云，陈涛. 2009. 槐山羊体尺与体重的相关性分析［J］. 湖南农业科学，（6）：145-149.

王海军，王琳，陶治领，等. 2002. 槐山羊链球菌与巴氏杆菌混合感染的诊疗［J］. 畜牧与兽医，（1）：47.

王庆华. 2005. 黄淮山羊、长江三角洲白山羊遗传多样性的研究［D］. 扬州：扬州大学硕士学位论文.

王拥庆. 2014. 槐山羊种质资源保护及开发利用［J］. 养殖与饲料，（12）：30-33.

王拥庆. 2016a. 槐山羊的生产现状［J］. 中国畜牧业，（3）：74-75.

王拥庆. 2016b. 槐山羊生产现状及效益分析［J］. 河南畜牧兽医，（5）：19-21.

王拥庆，李雪丽，左志丽. 2009. 槐山羊品种资源特点与开发保护［J］. 中国牧业通讯，（3）：41-44.

杨光勇，陈涛. 2010. 地方良种槐山羊［J］. 中国畜禽种业，6（3）：56-57.

杨光勇，吴建宇，陈涛. 2008. 槐山羊胴体品质、板皮随月龄变化规律研究［J］. 中国畜牧兽医，（5）：139-140.

杨守平，牛保根，张花菊，等. 1999. 莎能奶山羊改良本地山羊效果的试验研究［J］. 黑龙江畜牧兽医，（4）：9-10.

杨玉敏. 2009. 黄淮山羊 *FSHβ* 基因部分序列遗传多态性及其与产羔性能关联性研究［D］. 合肥：安徽农业大学硕士学位论文.

张桂枝，李婉涛，靳双星. 2007. 不同月龄的槐山羊屠宰性能及肉用品质比较［J］. 中国农学通报，（7）：64-66.

张桂枝，李新正，靳双星. 2007. 波槐杂交一代产肉性能及羊肉品质研究［J］. 安徽农业科学，（23）：7175，7178.

张寒莹. 2008. 长江三角洲白山羊 *GDF-9* 基因第一、第二外显子序列多态及生物信息学分析［D］. 南京：南京农业大学硕士学位论文.

张小辉. 2017. 槐山羊速激肽及其受体基因的克隆和组织表达研究［A］//中国畜牧兽医学会养羊学分会. 2017 年全国养羊生产与学术研讨会暨养羊学分会第七次全国会员代表大会论文集［C］. 石家庄：1.

张瑜，张英杰，刘月琴. 2016. *ESR* 和 *PGR* 基因在 5 个山羊品种中的多态性分析［J］. 黑龙江畜牧兽医，（23）：78-81，297.

赵本领，包玉亭，霍福新，等. 2008. 黄淮山羊品种资源调查报告［J］. 中国畜禽种业，（1）：64-66.

朱金荣，徐泽君，孙居祥，等. 1994. 莎能奶山羊与槐山羊杂交试验研究报告［J］. 中国养羊，
　（2）：8-10.

Pan C, Lan X, Zhao H, et al. 2011. A novel genetic variant of the goat *Six6* gene and its
　association with production traits in Chinese goat breeds[J]. Genetics & Molecular Research，
　10(4): 3888-3900.

调查人：赵存真、马云、汪书哲
当地畜牧工作人员：王拥庆、郭自明
主要审稿人：高腾云

第九章

淮 南 猪

淮南猪（Huainan pig）原产于淮河上游以南、大别山以北地区，中心产区在信阳的固始、商城、光山等地。淮南猪具有产仔多、繁殖力强、耐粗饲、抗逆性强、遗传性能稳定、肉质优良等特征。

成年公猪的体重为（153.40±3.42）kg，体高为（78.20±0.43）cm，体直长为（139.30±1.02）cm，胸围为（128.10±0.74）cm；成年母猪的体重为（120.30±1.39）kg，体高为（66.95±0.29）cm，体直长为（128.80±0.78）cm，胸围为（122.95±0.71）cm。

20世纪80年代末，淮南猪的最高饲养量达300万头，随着当地瘦肉型猪养殖的兴起与发展，外来公猪不断与地方品种杂交，纯种淮南猪的饲养量急速下降，到2000年已不足20万头，而2010年以来淮南猪的存栏量一直低于1万头。

一、一 般 情 况

1. 品种来源及分布

淮南猪原产于淮河上游以南、大别山以北的广大地区，中心产区在信阳的固始、商城、光山、罗山、新县等地。淮南猪形成历史悠久，据《固始县志》记载，早在明朝嘉靖二十一年（公元1542年）即已沿用淮南猪之名。

2. 产区的自然生态条件

信阳地处河南东南部，亚热带北部的大别山北麓，北纬30°23′～32°27′、东经113°45′～115°55′，东接安徽、南连湖北、西与河南南阳为邻、北与河南驻马店相邻，西有桐柏山、南有大别山；地势自西向东逐渐下降，平均海拔为700 m，最高为1582 m，最低为22 m；属亚热带季风气候，全年四季分明；年平均气温为15.2℃，年无霜期为220～230 d；年降水量为900～1300 mm，相对湿度为70%～80%；年平均日照时数为1940～2180 h。因受南北过渡气候和山地、丘陵、垄岗等不同地形的影响，过渡特点明显，亚热带和暖温带植物交错分布，植被类型复杂，植物资源比较丰饶，有高等植物2500多种，约占河南省高等植物的72%。产区的生态条件良好、饲料资源丰富、气候温和、雨量充沛、土壤肥沃，主产水稻、小麦，耕作制度为稻麦两熟，历史上被称为"淮南稻麦区"，其他作物有玉米、豆类、甘薯等，粮食产量高，农副产品丰富，豆饼、花生饼、稻糠、水生饲料（水花生、水葫芦、水浮莲）等饲料来源也很充足。

二、品种来源及数量

随着当地瘦肉型猪养殖的兴起与发展，外来公猪不断与地方品种杂交，纯种淮南猪的饲养量急速下降（图9.1）。由于产区面积萎缩、种群数量减少，淮南猪已经存在濒危倾向，河南省畜牧局出台《河南省地方畜禽遗传资源保护和利用规划（2015—2020年）》，初步建立了以保种场为主、保护区和基因库为辅的畜禽遗传资源保种体系，目前已经在固始建立淮南猪保种场，重点保护淮南猪的繁殖性能高、肉质鲜美、耐粗饲、适应性强、耐近交等优良种质特征特性，加强对该品种的选育工作，鼓励有计划地进行地方品种的杂交利用并参与配套系培育，推进优质猪肉生产。

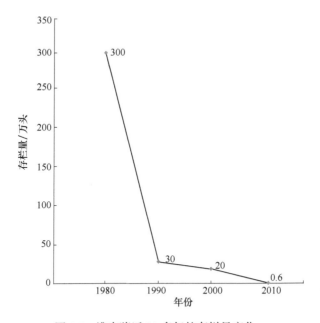

图9.1 淮南猪近30多年的存栏量变化

三、体 形 外 貌

淮南猪体形中等，全身被毛为黑色，毛、鬃稀，皮薄，额部有菱形皱纹，嘴筒中等（图 9.2，图 9.3）。按其头形大致可分为"齐嘴大耳型"和"尖嘴小耳型"两种，齐嘴大耳型又称"三张嘴"或"三嘴落槽"，体形中等，皮毛为黑色，耳大下垂，额较宽，嘴稍短粗，其额部多有两条平直横纹，腹大、下垂但不接地，臀部倾斜，后躯欠丰满，尾较长，超过飞节，四肢粗壮有力，鬃毛长 9.7 cm；尖嘴小耳型俗称"黄瓜嘴"，体形中等，皮毛为黑色，耳小、下垂，额部多有菱形锥纹，面直嘴长，单脊，背腰平直，腹稍大、下垂，胸浅，臀部倾斜欠丰满，乳头数为 8～9 对，排列较整齐，尾较长，超过飞节，一般在 30 cm 以上，鬃毛粗长，四肢健壮，蹄大，适于放牧，多分布在山区和丘陵区。

扫码见彩图

图 9.2　淮南猪公猪
（调查组拍摄）

扫码见彩图

图 9.3　淮南猪母猪
（调查组拍摄）

四、体尺、体重

河南农业大学、河南省信阳市畜牧工作站和河南省潢川县畜牧局对固始、商城两县公、母猪的测定结果见表 9.1。

表 9.1　淮南猪成年猪的体重和体尺

年份	性别	头数	体重 /kg	体直长 /cm	胸围 /cm	体高 /cm
2006	公	12	153.40±3.42	139.30±1.02	128.10±0.74	78.20±0.43
	母	50	120.30±1.39	128.80±0.78	122.95±0.71	66.95±0.29
1980	公	10	149.70±11.04	136.70±3.16	127.90±3.60	73.10±1.23
	母	29	104.90±4.33	124.90±1.95	109.40±1.84	63.10±0.87

资料来源：国家畜禽遗传资源委员会，2011

五、生产与繁殖性能

1. 育肥性能

根据固始县淮南猪原种场、光山县淮南猪种猪场的多次测定，在含粗蛋白

14.8%、可消化粗蛋白 114.5 g/kg、可消化能 11.89 MJ/kg、粗纤维 6.9% 的日粮营养水平下，淮南猪育肥期的平均日增重可达 490 g，料重比为 3.63，9 月龄育肥猪宰前活重为 106 kg，胴体重为 73.9 kg，屠宰率为 69.72%，各方面育肥性能较 20 世纪 80 年代都有很大程度提高。2007 年 1 月，河南农业大学对 20 头淮南猪进行了肉质测定，肉色评分为 3.5，大理石纹为 3.75，肌肉 pH 为 6.4。淮南猪的主要屠宰性能见表 9.2。

表 9.2　淮南猪的屠宰性能

年份	宰前活重 /kg	胴体重 /kg	屠宰率 /%	眼肌面积 /cm²	6～7 肋骨背膘 /mm	皮厚 /mm	瘦肉率 /%	脂率 /%	皮率 /%	骨率 /%
2006	104.70	73.90	70.58	20.30	28.0	7.0	46.10	29.10	12.90	11.7
1981	90.00	—	69.37	21.08	35.0	—	44.66	—	—	—

资料来源：国家畜禽遗传资源委员会，2011

2. 繁殖性能

淮南猪具有性成熟较早、易配种、繁殖力强、产仔多、育成率高等特性。据固始县淮南猪原种场对 64 头母猪的记录显示，母猪的初次发情期为（116.5±9.6）日龄，42 头公猪初次出现爬跨反应为（82.4±5.1）日龄。对 112 头纯繁母猪 1～10 胎的繁殖成绩统计结果显示，总产仔数为（13.48±2.42）头，产活仔数为（12.34±2.08）头，断奶头数为（10.98±1.60）头；淮南猪的总乳头数为（16.83±1.50）枚，有效乳头数为（16.16±1.42）枚，乳头数的变异范围为 13～19 个，乳头数在 13 个以下或 18 个以上的猪所占的比例较少，乳头数主要集中在 14～16 个。淮南猪的主要繁殖性能见表 9.3。

表 9.3　淮南猪的主要繁殖性能

性状	数量（N）	平均值 ±标准差（$\bar{X}\pm S$）	协方差（c.v）
总产仔数 / 头	311	13.48±2.42	12.92
产活仔数 / 头	304	12.34±2.08	16.86
初生窝重 /kg	310	12.15±2.01	16.50
初生头重 /kg	310	0.99±0.16	16.16
总乳头数 / 枚	1885	16.83±1.50	8.91
有效乳头数 / 枚	1810	16.16±1.42	8.97
20 日龄窝重 /kg	304	45.37±9.82	19.44
断奶头数 / 头	304	10.98±1.60	14.57
断奶头重 /kg	304	11.58±1.47	12.69
断奶窝重 /kg	304	120.16±15.34	12.76

资料来源：王清义，2005

六、饲养管理

产区群众对淮南猪的选种和饲养管理有丰富的经验，但目前仍以传统的饲养方式——农户圈养和散养为主，规模养殖和专业养殖量较小。农户主要饲喂糠、麸等农作物产品和水生饲料（水花生、水葫芦、水浮莲）及树叶类等，饲养管理比较粗放。由于淮南猪的繁殖性能较好，因此在饲养中应特别注意母猪的营养调控，在妊娠初期，胎儿发育缓慢，需要营养不多，常规饲喂即可；在妊娠中期，胎儿发育仍然很缓慢，但是母猪的食欲旺盛，此时可以增加精、粗饲料的饲喂，增加母猪的饱腹感；在妊娠后期，胎儿发育快，应逐步增加精饲料的添加，一方面满足胎儿和母猪的营养需要，另一方面可以为母猪哺乳积蓄营养，为泌乳做准备；在泌乳期，母猪的营养需要远远高于空怀期，蛋白质比例要高于16%，维生素 A、维生素 D 及钙和磷等要有所提高。另外，饲喂时要注意定时、定量，不要突然改变饲料配方，保证清洁饮水，适当增加运动，产后少喂。

淮南猪的抗逆性较强，信阳地区 1～2 月的气温在 0℃以下，淮南猪在栏舍内不铺垫稻草，也少有感冒或冻伤现象；夏季温度常高达 35℃，淮南猪也能表现出良好的生长状态，对高温的耐受力较强。

七、科研进展

淮南猪的研究工作主要集中在以下两个方面。

1. 淮南猪纯种选育

1986～1992 年，由河南省畜牧局主持，河南农业大学、河南省农业科学院、河南职业技术师范学院、豫西农业专科学校（现河南科技大学农学院）、信阳地区农牧局（现信阳市畜牧局）及有关县农牧局、猪场等 12 个单位参加了淮南猪纯种选育，实施"淮南猪群体继代选育与推广研究"科研课题。经历了 6 年 5 个世代，选育的各项技术指标都取得较大进展，其中 6 月龄后备公猪的平均日增重由 1 世代的 484.30 g 提高到 5 世代的 612.87 g，后备母猪由 466.22 g 提高到 623.20 g；各世代的体尺变化也较明显，其中公猪的体直长 5 个世代增加了 14.34 cm，母猪增加了 17.61 cm，性状间的相关分析表明，6 月龄的体重与体直长、体高、胸围均呈显著正相关；各世代的胴体瘦肉率进展最为明显，其中 1、3、5 世代分别较选育前增加了 7.05%、4.29% 和 1.87%；胴体直长、眼肌面积、后腿比例也有增长趋势，屠宰率各世代变化不大。从外形观测选育后的淮南猪，其背腰较平直，后臀较丰满，皮薄毛稀，卧系减少，腹部下垂明显减轻。

2. 淮南猪遗传参数的估计

王清义等对淮南猪的育肥与胴体性状表型参数测定结果表明，胴体重（$h^2=$0.684）、胴体直长（$h^2=0.732$）、背膘重（$h^2=0.495$）、眼肌面积（$h^2=0.641$）、瘦肉率（$h^2=0.480$）属于高遗传力性状。育肥期日增重的遗传力（0.578）略高于国外猪种。宰前活重的遗传力（0.174）与国外资料（杜洛克0.20、汉普夏0.24）基本一致，低于国内的枫径猪（0.80）、关岭猪（0.743），但与宁乡猪（0.1397）相近。对繁殖性状的研究显示，淮南猪的总乳头数达到中等遗传力（$h^2=0.426$），总产仔数、产活仔数、初生窝重、断奶头数等性状的遗传力很低，采用表型选择效果是不显著的，可采用家系、家系内或二者结合的选择方法。淮南猪繁殖性状的遗传力较低（小于0.3），与国外猪种的差异不大。性状间相关的分析表明：繁殖性能间窝性状的相关都较强。总体来看，产仔多的淮南猪成活数、断奶数也多；窝性状与个体性状（初生头重、断奶头重）存在负遗传相关。

八、评价与展望

河南农业大学、河南省畜牧局、河南省农业科学院、信阳市畜牧局、固始县畜牧局等科研院所合作，对淮南猪进行了提纯复壮研究，并于1987年实施了"淮南猪群体继代选育与推广研究"工作，历经6年5个世代的选育，于2004年完成了研究任务。

豫南黑猪是由河南省畜牧局立项，河南省畜禽改良站、河南农业大学和固始县淮南猪原种场共同承担，相关单位积极参与，历经11年，在对信阳淮南猪纯种选育的基础上导入62.5%的杜洛克猪血统，通过杂交筛选、横交固定和不完全闭锁的群体继代选育而成的优质瘦肉型猪新品种。豫南黑猪以市场消费需求和养猪发展趋势确定培育目标，以肉质好、繁殖力强为突出特色，不单纯追求瘦肉率指标，强调"优质、抗逆、高产、高效"的综合表现，具有生长快、瘦肉率高、耐粗饲、抗病力强、肉味鲜美等特点。经过十几家育种与协作单位、上百名科技人员连续多年的科研攻关，豫南黑猪的主要技术经济指标和数量、群体状态都达到或超过了预期的目标。2008年10月22日，豫南黑猪正式通过国家畜禽遗传资源委员会审定并获得《畜禽新品种证书》。审定时有育种核心群10个，血统公猪19头，基础母猪360头；二级扩繁场（户）12个，存栏公猪32头，母猪1164头；通过中试推广，固始、商城、新县、光山4个中试推广区内存栏基础母猪约4万头。豫南黑猪具有产仔多、生长较快、瘦肉率高、肉质好、耐粗饲、抗病力强的特点，既适合农户散养，又适合集约化、工厂化养殖，能满足当今养猪业的市场需求。

淮南猪性情温驯、喜群居、耐寒、耐热、耐粗饲、抗病性能好、产仔数多、繁殖力强、肉质好、胴体品质良好、瘦肉率较高，是河南省唯一能够坚持保存下来并且连续开展育种的地方优良猪种，然而保种形势不容乐观。虽然该品种具有多方面的优良特性，但仍存在生长发育较慢及后躯欠丰满等缺点，选育工作应根据国内市场的需要，利用其优良肉质性状使其向优良胴体品质方向发展。另外，淮南猪的抗逆性状较好，如耐热和抗病，然而相关研究未见报道，因此值得进行研究利用。

参 考 文 献

常洪涛，王新卫，刘慧敏，等. 2014. 地方土猪源副猪嗜血杆菌 *Omp P2* 基因的分子鉴定及遗传演化分析 [J]. 安徽农业大学学报，(3)：371-374.

常纪亮. 2012. 不同粗纤维和赖氨酸水平对豫南黑猪育肥效果研究 [D]. 郑州：河南农业大学硕士学位论文.

陈斌，李维铎，任广志，等. 2004. 淮南猪新品系繁殖性能的选育及分析 [J]. 中国畜牧杂志，(9)：20-22.

陈斌，王清括，李孝法，等. 2006. 淮南猪新品系适应性研究 [J]. 河南农业科学，(9)：124-127.

豆成林. 2008. 淮南猪肉品质特性研究 [D]. 咸阳：西北农林科技大学硕士学位论文.

郭小参. 2008. 淮南猪 *IL-2* 基因的克隆及在大肠杆菌和昆虫细胞中的表达 [D]. 郑州：河南农业大学硕士学位论文.

郭小参，崔保安，陈红英，等. 2008. 淮南猪 *IL-2* 全基因的克隆与遗传进化分析 [J]. 华北农学报，(4)：14-18.

国家畜禽遗传资源委员会. 2011. 中国畜禽遗传资源志：猪志 [M]. 北京：中国农业出版社.

刘强，闵成军，彭增起，等. 2011. 大理石花纹评分与淮南猪背最长肌感官特性的关系研究 [J]. 食品科技，(4)：97-101.

任广志，陈斌，李鹏飞，等. 2006a. 淮南猪瘦肉型新品系选育研究 [J]. 黑龙江畜牧兽医，(12)：34-37.

任广志，陈斌，李鹏飞，等. 2006b. 淮南猪新品系初产母猪泌乳性能的研究 [J]. 中国畜牧杂志，(11)：9-11.

任广志，李维铎，李鹏飞，等. 2005. 淮南猪新品系生长性状的选育研究 [J]. 河南农业大学学报，(1)：98-101.

宋玉峰. 2009. 利用 RAPD 标记对 4 个品种猪群体遗传结构的分析 [D]. 郑州：河南农业大学硕士学位论文.

王璟，白献晓，张家庆，等. 2016. 去势对淮南猪皮下脂肪 PPAR 信号通路基因表达量的影响 [J]. 华北农学报,（2）: 92-97.

王明. 2009. 豫南黑猪种质特性基础研究 [D]. 郑州: 河南农业大学硕士学位论文.

王清义. 2005. 淮南猪种质特性的研究与应用 [D]. 北京: 中国农业大学博士学位论文.

王清义，艾玉森. 1994. 淮南猪性行为特性的研究 [J]. 河南农业科学,（2）: 39-41.

王清义，庞有志，王占彬，等. 2005. 淮南猪繁殖性能的测定 [J]. 黑龙江畜牧兽医,（5）: 30-31.

张家庆，王璟，陈俊峰，等. 2016. 淮南猪种质资源的亲缘关系研究 [J]. 家畜生态学报,（7）: 25-29.

张晶，陈修栋，王善强，等. 2011. 淮南猪品种遗传特异性的 AFLP 分析 [J]. 中国畜牧兽医,（5）: 130-133.

周鑫，张晶，柴保国，等. 2010. 淮南猪遗传特异性的 RAPD 分析 [J]. 中国畜牧兽医,（9）: 138-142.

调查人：徐永杰、张朋朋
当地畜牧工作人员：马超锋、甘德才、李成
主要审稿人：任广志

第十章

确 山 黑 猪

确山黑猪（Queshan black pig）是河南省的优良地方猪种，主要分布在驻马店市的确山县、泌阳县和南阳市的桐柏县，具有耐粗饲、繁殖力强、肉中亚油酸含量高、肉质风味鲜美等特性。

成年公猪的平均体高为 72.20 cm，胸围为 121.60 cm，体直长为 146.85 cm，体重为 136.90 kg；成年母猪的平均体高为 70.84 cm，胸围为 122.23 cm，体直长为 146.68 cm，体重为 134.51 kg。

确山黑猪属于濒危物种，2017 年调查统计结果显示，确山黑猪规模养殖场（户）有 20 多户，群体数量有 8000 多头，基础母猪 1100 多头，种公猪 63 头，急需加强对该品种的资源保护。

一、一般情况

1. 品种名称

确山黑猪是 20 世纪 80 年代在河南省确山县、桐柏县、泌阳县三县交界地区发现的地方猪品种，因原产地在确山县而得名。

2. 中心产区和分布

确山黑猪的中心产区位于确山县西部的竹沟镇、瓦岗寨乡、石滚河镇 3 个乡镇，其周围的蚁蜂乡、三里河乡、任店镇、李新店乡等乡镇，桐柏县的回龙乡、吴城镇、毛集镇，以及泌阳县的大路庄乡、老河乡等也有分布。

3. 产区的自然生态条件

确山县位于河南省南部，淮河上游，东邻黄淮平原，西为桐柏山、伏牛山的连接地带，地处北纬 32°27′～33°03′、东经 113°37′～114°14′。地势西南高隆、东北低平，西部为山区重峦叠嶂，罗列如屏；中部为丘陵过渡地带；东部为平原。山区面积为 548 km²，海拔 150～800 m；丘陵面积为 707 km²，海拔 110～200 m；平原面积为 768 km²，海拔 72～105 m。

二、品种来源及数量

1. 品种形成

　　确山群众历来有饲养黑猪的习惯，据1931年的《确山县志》记载，《三国·巍志·齐王记》中已有用猪、牛、马祭孔子与国学的记录，可见1700多年前当地已养猪。清朝末年记载有群众成立青苗会，防止牲畜吃庄稼，山区居民可依山傍水放牧猪、牛、羊，"其生息颇称繁盛，亦可获利"。产地河南省确山县西部山区交通不便，形成自然隔离，确山黑猪经当地劳动人民长期选育逐步形成稳定的种群。1982年，河南省畜牧局在确山县进行畜牧资源调查时，在确山西部山区发现了一个分布面积较大、数量较多、体形外貌一致、生产性能良好且深受群众欢迎的地方猪种，命名为确山黑猪。省、地、县相关部门多次组织畜牧科技人员，对该品种的形成历史、群体分布、生态环境、体形外貌、体尺体重及生产性能等进行深入、细致的调查研究，并进行了屠宰性能测定。1984年，河南省畜牧局组织有关专家和科技人员对该品种进行了鉴定，一致认为：确山黑猪被毛全黑，体形外貌基本一致，体躯较长，后躯发育良好，产仔数多，繁殖力强，耐粗饲，肉质好，瘦肉率较高，而且有一定数量，符合一个地方品种应具备的条件，确认确山黑猪是一个地方优良品种。2009年10月，确山黑猪被国家畜禽遗传资源鉴定委员会鉴定为地方畜禽遗传资源（中华人民共和国农业部第1278号公告）。

2. 群体变化及现状

　　1984年，由河南省畜牧局和驻马店地区农牧局、确山县农牧局（现为确山县畜牧局）组成确山黑猪调研组，对确山黑猪中心产区的瓦岗寨、竹沟、石滚河、任店、蚁峰、胡庙、朱古洞、李新店等地区进行详细调查，结果显示确山黑猪存栏1.89万头，其中确山黑猪母猪2560头，种公猪46头。1987年调查时，确山黑猪存栏总数4.89万头，其中确山黑猪母猪4968头，种公猪89头。

　　1990年后随着瘦肉猪生产的快速发展，确山黑猪的存栏量开始逐步下降。2006年，确山县畜牧局组织调查组对全县的确山黑猪存栏情况进行了调查，中心产区确山黑猪存栏量只有2600头，其中成年母猪386头，成年公猪41头。2012年6月上旬再次对全县的确山黑猪资源进行了摸底调查，全县饲养确山黑猪的规模养殖场发展到12个，饲养确山黑猪的养殖户发展到100多户，全县确山黑猪的存栏数量约为2000头。2013年，确山黑猪饲养户发展到200多户，全县确山黑猪存栏达到6000余头，其中种公猪40多头，基础母猪500多头。经过有效的保护，确山黑猪的群体数量有所恢复和发展。2017 年调查统计，确山黑猪养殖场户减少到 20 多户，群体数量为 8000 多头，基础母猪 1100 多头，种公猪 63 头，总体数量呈下降趋势。

三、体 形 外 貌

确山黑猪全身被毛为黑色，周身被毛较稀，鬃毛粗长，皮肤呈灰黑色；体格较大，身躯较长，腿臀发达，体质结实；头大，面部稍凹，额部有菱形皱纹，中间有两条纵褶；分为长嘴和短嘴两种；耳大下垂，背腰较宽，母猪腹大、下垂、不拖地，臀部较丰满，稍倾斜，乳头多为 8 对，乳头粗（图 10.1～图 10.3）。

扫码见彩图

图 10.1　确山黑猪母猪
（确山县畜牧局提供）

扫码见彩图

图 10.2　确山黑猪公猪
（确山县畜牧局提供）

扫码见彩图

图 10.3　山地散养确山黑猪
（确山县畜牧局提供）

四、体尺、体重

1982～1984 年开展畜牧业资源调查时，河南省畜牧局对确山黑猪的体重和体尺进行了测量；2006 年及 2017 年，确山县畜牧局再次测量了确山黑猪的体重和体尺，见表 10.1。

表 10.1 确山黑猪的体重和体尺

年份	性别	头数	体重 /kg	体直长 /cm	胸围 /cm	体高 /cm
1982～1984	公	6	115.10±5.75	136.30±4.16	115.00±3.06	71.08±5.74
	母	33	144.39±9.11	139.06±3.71	120.40±3.0	67.58±2.16
2006	公	7	100.58±5.45	120.07±2.68	116.40±3.29	71.87±2.45
	母	51	90.12±1.12	139.75±2.35	121.90±2.10	72.77±1.01
2017	公	20	136.9±27.59	146.85±12.20	121.60±10.61	72.20±5.34
	母	50	134.51±26.00	146.68±11.70	122.23±8.77	70.84±4.85

五、生产与繁殖性能

1. 繁殖性能

确山黑猪性成熟较早，一般 120 日龄开始发情并可配种，发情周期为 18～21 d，妊娠期为 113～115 d。初产母猪的产仔数为（7.6±2.1）头，二产为（9.7±2.51）头，三产达到（12.09±2.51）头，个别达到 18 头。断奶仔猪的平均成活数为 10.8 头，仔猪成活率为 90%。母猪一般利用 5～6 年，最高可利用 10 年；公猪一般利用 2～3 年。

2. 育肥性能

据 1984 年调查，在中心产区农户粗放饲养条件下，确山黑猪的育肥性能表现良好。对 17 头不同育肥天数确山黑猪的育肥性能调查结果见表 10.2。

表 10.2 确山黑猪的育肥性能

育肥天数 /d	头数	育肥初重 /kg	育肥末重 /kg	平均日增重 /g
80	2	10.50	53.95	543.1
137	7	13.43	71.90	426.7
200	4	12.50	80.50	340.0
260	4	14.30	90.00	291.1

3. 屠宰性能

1984 年，河南省农牧厅组织专家对确山黑猪鉴定时，对 10 头确山黑猪进行了屠宰测定；1987 年，河南省农业科学院畜牧兽医研究所养猪研究室对 27 头确山黑猪进行了屠宰性能测定；2006 年，河南农业大学开展畜禽资源调查时对 10 头确山黑猪进行了屠宰性能测定。不同年份的屠宰性能差异不大（表 10.3）。

表 10.3　确山黑猪的屠宰性能

年份	宰前活重 /kg	胴体重 /kg	屠宰率 /%	眼肌面积 /cm²	背膘厚 /mm	瘦肉率 /%	脂率 /%	骨率 /%	皮率 /%
1984	119.2±8.44	86.65±7.98	72.69±2.16	90.95±2.24	—	47.96	27.03	12.36	12.65
1987	86.2±1.31	63.57±2.20	73.75±0.40	78.87±0.64	28.0±0.9	47.4±0.88	27.6±0.96	13.5±0.43	11.4±0.34
2006	95.09±4.31	70.55±4.48	74.19±0.75	26.37±1.84	23.3±2.0	46.0±1.10	27.7±1.52	13.8±0.56	12.3±0.62

4. 肉质性能

2006 年，河南农业大学对 10 头猪的肌肉样本进行了肉质测定，结果显示确山黑猪肉质细嫩，肉色评分为 3.0 分，大理石评分为 3.5 分，肌内脂肪含量为 6.10%±0.73%，肌肉嫩度为（29.50±2.16）N；对肉的风味起关键作用的苏氨酸、丙氨酸、谷氨酸、赖氨酸、半胱氨酸等氨基酸的含量，确山黑猪显著高于长白猪等外来猪种。

六、饲 养 管 理

种猪以舍饲为主。饲料以糠麸、玉米为主，并且喂以青草、青菜。配种方式为本交，由于当地饲养公猪的农户较少，种公猪负担配种任务较重，一般每日配种一次，有时数次，故其使用年限较短，一般 2～3 年即予淘汰。母猪一般利用 5～6 年，最高利用年限可达 10 年。

育肥猪多采用舍饲和放牧相结合的方式，以传统"吊架子"饲养方法为主；饲料以野草、青菜、糠麸、碎秸秆为主，仅在出栏前 2～3 个月加喂玉米、红薯和豆类进行催肥。

七、科 研 进 展

1. 确山黑猪的调查研究

确山黑猪的相关研究只有少量文献，单留江等（2013）报道了由河南省畜牧局主持的确山黑猪杂交利用试验。长白猪×确山黑猪组的瘦肉率最高为53.0%，大白猪×确山黑猪组的瘦肉率为51.85%，汉普夏×确山黑猪组的瘦肉率为50.12%，杜洛克猪×确山黑猪组的瘦肉率为50.08%，均较对照组确山黑猪组提高了4.5～7个百分点，杂交效果显著。大白猪×长白猪×确山黑猪组的瘦肉率为57.13%，杜洛克猪×长白猪×确山黑猪组的瘦肉率为57.79%，表明以外来猪种为父本可以显著提高确山黑猪的瘦肉率。

2. 确山黑猪目前存在的主要问题

1）从目前的调查分析可知，确山黑猪的整体数量仍然较少，特别是基础母猪和种公猪的数量较少，不利于确山黑猪遗传资源的保护和发展。

2）为了扶持确山黑猪养殖场（户）的发展，县政府制定了一系列优惠政策措施。养殖场（户）发展确山黑猪的积极性也较高。但是，从目前的情况分析，大部分养殖场没有充分认识到确山黑猪遗传资源保护工作的重要性，只追求发展数量，对确山黑猪尚未开展系统的选育工作，这对确山黑猪遗传资源保护十分不利。

3）确山黑猪是原始的地方猪品种，生长较慢，经济效益相对较差。目前，市场宣传与开发力度不够，产品质量虽好，但是效益相对较低，严重依赖政府资金支持。

八、评价与展望

目前，确山黑猪的种群数量仍然没有摆脱"濒危"困境，需要采取力度更大的措施，才能促进确山黑猪种群数量和质量的快速发展。2006年以来，为保护确山黑猪品种资源，确山县采取多项有效措施，加强确山黑猪的品种资源保护工作，取得显著成效。为尽快恢复和发展确山黑猪，县政府出台优惠政策，扶持群众大力发展确山黑猪。对饲养确山黑猪种公、母猪的饲养户：饲养一头确山黑猪母猪，每生产一窝纯种确山黑猪仔猪，补贴200元；饲养一头确山黑猪种公猪，一年补贴1000元。对每头种公、母猪建立了档案，以竹沟镇肖庄村为重点建立了保种选育核心群，根据种公、母猪的生产性能、遗传性状情况，开展了选种选育工作。确山县养猪协会于2011年8月1日向国家工商行政管理总局商标局（下文简称国家商标局）申请注册"确山黑猪"地理标志证明商标，2012年3月"确山黑猪"地理标志证明商标正式获得国家商标局批准。

确山黑猪具有肉质鲜美、适应性强、耐粗饲和繁殖力高等优良特性，作为杂交亲本，有很大的保护利用价值。目前，针对确山黑猪的文献研究极少，对确山黑猪尚未开展系统性的选育工作，因此需要在保种的基础上进一步调查清楚确山黑猪的种质特性和遗传参数，在加大对确山黑猪保护力度和发展纯种的同时，大力开展经济杂交利用。

参 考 文 献

国家畜禽遗传资源委员会. 2011. 中国畜禽遗传资源志：猪志 [M]. 北京：中国农业出版社.

刘彦军. 1986. 发挥资源优势建立瘦肉型黑猪生产基地 [J]. 河南农业科学，(4)：33-34.

单留江，李军平. 2012. 确山黑猪品种特征和保护利用现状 [J]. 中国猪业，(10)：38-39.

单留江，李军平，王焕. 2013. 确山黑猪遗传资源保护与开发利用研究进展 [J]. 中国猪业，(S1)：98-100.

单留江，屈强，王焕，等. 2015a. 确山黑猪遗传资源保护与开发 [J]. 中国猪业，(S2)：129-131.

单留江，王焕，王占领，等. 2015b. 确山黑猪发展现状、存在问题及建议 [J]. 河南畜牧兽医，(22)：23-24.

孙素芳. 2013. 确山黑猪保种与开发亟待加强 [J]. 中国猪业，(1)：35.

闫红. 2017. 确山黑猪养殖管理规范 [J]. 农家参谋，(6)：50-51.

张文成，单留江，闫立新，等. 2016. 浅谈我国种猪育种工作的现状、主要问题及措施建议 [J]. 畜禽业，(5)：50-51.

调查人：徐永杰、张朋朋
当地畜牧工作人员：单留江
主要审稿人：任广志

第十一章

南阳黑猪

南阳黑猪（Nanyang black pig）因其额部皱纹如"八"字而称为"八眉猪"；因中心产区在师岗而称为"师岗猪"；又因该品种广泛分布于南阳西部各县，1975年被定名为"宛西八眉猪"；为了区别于"西北八眉猪"，1983年被定名为"南阳黑猪"。其目前主要分布于南阳市的内乡县、淅川县和邓州市。南阳黑猪具有生长发育较快、适应性强、杂交配合力好等优点。

成年公猪的平均体重为（165.3±7.63）kg，体直长为（139.4±1.83）cm，胸围为（129.2±1.64）cm；成年母猪相应指标为（145.88±4.85）kg，（132.2±1.32）cm，（124.7±1.3）cm。

南阳黑猪20世纪80年代末的最高饲养量为22万头，随着当地瘦肉型猪养殖的兴起与发展，外来公猪不断与地方品种杂交，纯种南阳黑猪的饲养量急速下降到2006年的1万头，近年来数量有所增加，2015年以来南阳黑猪的存栏量约为1.5万头。

一、一般情况

1. 品种来源及分布

南阳黑猪形成的具体年代无从考证，但从出土文物考证，早在西汉时期本地区的养猪业就相当发达。淅川县曾出土过西汉（公元前206～公元25年）时期形态逼真的陶猪和精巧合理的陶猪圈模型，表明早在2000多年前当地已开始养猪。内乡县的师岗是历史上的猪贸易集散地，俗称"母猪集"，当时每天成交仔猪千头以上，各地"猪客"成批收购当地肥猪，南经李官桥（现为丹江水库淹没区）或湖北的老河口沿汉江而下，畅销湖北襄樊（现襄阳）、汉口等地，或者西经荆紫关行销陕西商洛，东经南阳销至周口、许昌，北到洛阳等地。当地饲养户不自觉地选育促使了这个地方猪种的形成。1949年以前，曾有人向该产区引进过波中猪和白猪，1949年以后该区引进巴克夏猪、约克夏猪、苏联大白猪等，因此，南阳黑猪可能不同程度地混入了这些猪种的血缘。南阳黑猪的原产区集中在河南内乡、淅川和邓州交界的三角地带，尤以内乡的师岗、瓦亭，淅川的厚坡、香花，邓州市的张村等乡镇饲养的数量较多、品质较优，其余零星分布在师岗、瓦亭、七里坪、夏关等乡镇。

2. 产区的自然生态条件

南阳黑猪的主产区淅川位于北纬 32°35′～33°23′、东经 110°58′～111°53′，地处秦岭山系东延部分的伏牛山南麓的浅山、丘陵地区、缓坡地带，豫西南边陲豫、鄂、陕三省结合部，产区内地形复杂，山川相间，河流纵横，海拔最高为 1086 m、最低为 120 m。

地处亚热带与暖温带气候过渡地带，属北亚热带大陆性季风气候，气候温和，四季分明，雨量充沛，春秋漫长，冬季较短。年平均气温为 15.8℃，年无霜期为 230 d，热量多、霜期短，是河南省最暖的地方。年降水量为 804 mm。黄褐色砂壤土和黄黏土分布较多，河流均属长江流域汉江水系，水资源丰富。主要农作物有小麦、玉米和油菜，占农作物总量的 80%；饲料作物有玉米、甘薯、南瓜。优越的饲料条件，对养猪十分有利。

二、品种来源及数量

据淅川县畜牧局的调查资料，1986 年存栏南阳黑猪 22 万余头，其中淅川 8 万余头、邓州 9 万余头、内乡 5 万余头。后由于外来种猪的引进，二元、三元杂种猪经济效益较好，南阳黑猪的群体数量锐减。截至 2015 年，南阳黑猪的存栏量有 1.5 万余头，其中内乡顺发南阳黑猪保护科技有限公司年存栏南阳黑猪 1800 头，其中能繁母猪 200 头、种公猪 40 头。2006 年底产区南阳黑猪的存栏不足 1 万头，淅川县有 7020 头，其中成年公猪 26 头，能繁母猪 464 头；内乡有 386 头，其中成年公猪 3 头，能繁母猪 23 头。

三、体形外貌

南阳黑猪体形较大，全身被毛为灰黑色，体质粗壮结实，各部位结合良好；头中等大，耳下垂，面微凹，额上有"八"字形，皮肤皱褶，颈较短，背腰较平直，腹稍大、不拖地，四肢结实。群众曾将南阳黑猪的外貌特征概括为：木碗头，瓢子嘴，耳根硬直，耳轮垂，菱形皱纹"八"字眉；腰平直，双脊背；毛黑、鬃粗、皮肤灰；鲫鱼肚子蓑衣奶，四肢直立扫帚尾（图 11.1，图 11.2）。

四、体尺、体重

河南农业大学和淅川县畜牧局对南阳黑猪（20 头成年公猪和 50 头成年母

图 11.1　南阳黑猪公猪
（调查组拍摄）
扫码见彩图

图 11.2　南阳黑猪母猪
（调查组拍摄）
扫码见彩图

猪）进行了体重和体尺的测量，成年公猪的体重为（165.3±7.63）kg，体直长为（139.4±1.83）cm，胸围为（129.2±1.64）cm；成年母猪相应为（145.88±4.85）kg，（132.2±1.32）cm，（124.7±1.3）cm。

五、生产与繁殖性能

1. 育肥性能

南阳黑猪传统饲养主要饲喂玉米、甘薯、南瓜、麸皮、糠类，对饲养条件没有特殊的要求，对圈舍要求不高，可圈养也可拴养，甚至可放牧，养殖方式由以糠为主向以粮为主转变。

南阳黑猪的育肥性能较好，有后期蓄脂能力强的特点。淅川县畜牧场于1980 年对南阳黑猪进行了育肥试验，淅川县畜牧局 2006 年 10 月 8 日～2007年 2 月 10 日在寺湾镇秦家沟村对南阳黑猪进行了育肥试验，结果见表 11.1。对比不同年代的数据，平均日增重略有提高。

表 11.1　南阳黑猪的育肥性能

年份	育肥天数 /d	头数	育肥初重 /kg	育肥末重 /kg	平均日增重 /g
1980	150	2	11.90	76.75	432.33
2006	116	6	22.10±1.39	87.67±2.35	524.56±7.84

2. 屠宰性能

淅川县畜牧场 1980 年对南阳黑猪进行了屠宰性能测定，河南农业大学 2007年 1 月对南阳黑猪进行了屠宰性能测定和肉质分析，结果见表 11.2。比较不同年份的测定数据，瘦肉率变化不大。河南农业大学的肉质分析结果为：肉色评分为（3.17±0.03）分，大理石纹评分为（4.11±0.07）分，肌内脂肪含量为5.58%±0.18%，熟肉率为 61.03%±0.40%，肌肉嫩度为（28.32±0.39）N。

表 11.2　南阳黑猪的屠宰性能

年份	头数	宰前活重 /kg	屠宰率 /%	眼肌面积 /cm²	背膘厚 /mm	瘦肉率 /%	皮厚 /cm
1980	2	74.25	66.20	49.01	2.39	49.01	0.42
2007	9	96.06±1.78	75.84±0.35	25.66±0.99	3.37±0.09	49.84±0.08	—

资料来源：国家畜禽遗传资源委员会，2011

3. 繁殖性能

1980 年，淅川县畜牧场对场内 65 头后备母猪进行发情观察，发现初情期为 101～112 日龄，发情周期为 18～24 d，平均为 20.33 d，哺乳期内很少有母猪发情；仔猪断乳（13.87±1.15）d 后母猪发情，发情持续期为（3.52±0.44）d，妊娠期为（113.72±0.23）d。71 头初产母猪的窝产仔数为 7.43 头，52 头二产母猪的窝产仔数为 8.70 头，110 窝三产以上母猪的窝产仔数为 9.59 头。

2006 年 10～11 月，淅川县畜牧局分别在本县的荆关、寺湾、西簧等乡镇，对农村散养的 20 头公猪、50 头母猪的繁殖性能进行调查。调查结果显示，公猪 139 日龄性成熟，232 日龄配种；母猪 109 日龄性成熟，约 168 日龄配种，母猪的发情周期为 20～21 d，妊娠期为 113～114 d，窝产仔数为（10.9±0.17）头，窝产活仔数为（10.48±0.14）头。与 1980 年的数据对比，窝产仔数有所提高，其他指标变化不大。

六、饲养管理

历史上南阳黑猪的饲料主要是糠麸和泔水，目前农户养猪仍以糠麸为主，辅以少量原粮。南阳黑猪对低温的耐受能力强，宛西地区 1～2 月的气温多在 0℃以下，极端低温在 -10℃以下，相对湿度在 80% 左右，农民圈内积肥，多数猪圈粪尿、污水没膝，舍内不铺草或大、中猪在户外雪地拴系，但很少有患病和冻伤现象。南阳黑猪在气温高于 35℃时需拴系于池塘边泡水洗浴或让其自觉找水源泡水，长时间处于高温环境或暴晒易中暑。南阳黑猪的合群性较好，对不同环境的适应性较强，长途运输很少发生疾病死亡现象，对一般疾病的抵抗力很强。在大量外种猪引入并带来不菲经济效益的情况下，目前有些地方仍饲养南阳黑猪，主要原因除肉味鲜美外，就是其抗逆性好的优点。

七、科研进展

1. 品种保护

采用保护区和保种场保护。从 1976 年开始，淅川县畜牧场设立了南阳黑猪保种场，组织专业技术人员到南阳黑猪中心产区搜集选购种公、母猪。到 1986 年，保种群存栏有 7 个血统的种公猪 9 头，37 个血统的繁殖母猪 78 头。2001 年以后，畜牧场改制，保种场被个体户承包，保种群 7 个血统的 7 头公猪、31 个血统的 48 头母猪改由周边乡镇的农户饲养。

1976 年南阳黑猪保种场建立时，建立有品种登记制度。从 2004 年开始，淅川县畜牧局设置荆关、寺湾、西簧等保护区，重新建立了品种登记制度，内容包括种猪补贴办法、配种登记制度、补减栏登记制度等。南阳黑猪数量下降趋势暂时缓解。南阳黑猪于 1986 年被收录于《中国猪品种志》。

1978 年淅川县畜牧场在南阳黑猪产区最早引进外来瘦肉型种猪——大约克猪和长白猪，并于 1979 年、1980 年进行杂交繁殖试验和杂种一代育肥试验。经产母猪杂交繁殖的窝产仔数、窝产活仔数、20 d 泌乳力等均比纯种繁育有所提高。

2006 年调查时南阳黑猪的杂种比例在 93% 以上，纯种繁育猪在 7% 以下。

2. 南阳黑猪的研究调查

刘正综等（1993）对不同近交程度（近交系数为 0～0.25）的 64 头母南阳黑猪的主要繁殖性状进行了比较，发现总产仔数、产活仔数、断奶仔猪头数、仔猪初生窝重、仔猪 20 日龄窝重、仔猪 45 日龄断乳窝重等繁殖性状之间不存在显著差异，表明南阳黑猪对近交繁殖具有一定的耐受力。

南阳黑猪性情温驯、适应性强、杂交配合力强、繁殖性能好、耐近交、肉味鲜美，是河南省具有地方特色的优良品种。南阳黑猪和瘦肉型猪的杂种一代生长速度加快，瘦肉比例提高。今后应加强南阳黑猪的保种工作，尤其要注意培育优秀种公猪，充分挖掘其优良肉质性状和抗逆性。

八、评价与展望

南阳黑猪是豫西南一个非常珍贵的地方猪种，具有遗传性稳定，体格结实健壮，性情温和，适应性、抗病力、杂交配合力均较强，耐近交，肉质鲜美等优质特性。为更好地保护优良品种、增强品牌效应，2012 年内乡县南阳黑猪协会向国家商标局申请地理标志证明商标，于 2014 年正式获国家地理标志证明商标证书，这是南阳市第二个以地域冠名的地理标志证明商标。该商标的成功注册，对促进内乡及南阳传统特色养殖及生猪养殖产业的发展具有里程碑式的意义，对进一步提升南阳黑猪在当地乃至全国的知名度和品牌竞争力、进一步促进农业产业结构调整、增加农民收入具有重要意义。

近年来，南阳黑猪的养殖规模虽然有所增长，但形势不容乐观，养殖周期长、成本高成为制约其发展的瓶颈。虽然南阳黑猪的肉价比一般猪肉高，但养殖户对于短、平、快的养殖模式更加喜爱。因此，南阳黑猪的发展必须另辟蹊径，走特色化、市场化道路。同时，要积极开展南阳黑猪标准化规模化饲养、优良基因鉴定、基因提纯复壮、品种保护、新配套系培育、优质高档肉产品开发等工作，加大对基础研究的投入。

参 考 文 献

国家畜禽遗传资源委员会. 2011. 中国畜禽遗传资源志：猪志［M］. 北京：中国农业出版社.

江燕，钟晓琳，王明民，等. 2013. 南阳黑猪与栾川黑猪的种群遗传关系研究［J］. 家畜生态学报，（5）：11-15.

梁子安，王庆林，符君健. 2002a. 野猪与南阳黑猪杂交试验初报［J］. 河南农业科学，（8）：39-40.

梁子安，闫光兰，符君健. 2002b. 野猪和南阳黑猪杂交亲合过程观察［J］. 河南农业科学，（3）：46-47.

刘正综，尹保敬，王培光. 1993. 南阳黑猪的"各家继代"保存［J］. 养猪，（4）：28-29.

鲁云风，张晓娜，张征田. 2017. 南阳黑猪和大白猪脂肪酸分析及其综合评价［J］. 中国畜牧兽医，（4）：1032-1036.

王长明，王永刚. 2014. 南阳黑猪营养成分的研究［J］. 湖北畜牧兽医，（9）：66.

张金洲，豆晓霞，项智锋，等. 2013. 南阳黑猪与长白猪肉质特性的比较研究［J］. 河南科技学院学报（自然科学版），（3）：83-85.

调查人：张朋朋、徐永杰、黄洁萍
当地畜牧工作人员：齐长城、王建钦
主要审稿人：任广志

第十二章

安庆六白猪

安庆六白猪（Anqing liubai pig），俗称六花猪，原产于安庆，是优良的地方猪种之一。安庆六白猪的中心产区是安徽安庆的太湖县和望江县，主要分布于宿松县、怀宁县、东至县等地。

安庆六白猪全身黑色，额部、尾和四肢下部为白色，故得其名（"六白"），其体形中等偏小，耐粗饲，肉质好。公猪在饲养条件好的情况下，可以利用 10 年，饲养条件差时只能利用 6～7 年；母猪一般一年繁殖 2 窝，有的达 2.5 窝，一般可以利用 6～7 年。初产母猪平均产活仔数为 7.13 头，哺育率为 98.17%；经产母猪平均产活仔数为 10.54 头，哺育率为 95.92%。

安庆六白猪是大别山地区重要的猪种资源，目前群体数量呈萎缩状态，商品猪群存栏量不足 5 万头。今后应加强对该品种资源的保护。

一、一 般 情 况

1. 品种名称

安庆六白猪，俗称六花猪，原产于安庆，该品种已列入《中国畜禽遗传资源志：猪志》，是优良的地方猪种之一。

2. 中心产区和分布

安庆六白猪的中心产区是安徽安庆的太湖和望江，主要分布于宿松、怀宁、东至等地。

3. 产区的自然生态条件

（1）地貌和海拔

安庆位于安徽西南部、长江下游北岸、皖河入江处，西接湖北，南邻江西，西北靠大别山主峰，东南倚黄山余脉，中心位置为北纬29°47′～31°17′、东经115°46′～117°44′。

安庆依山傍水，地势较平坦。管辖区域内地形、地貌多样，包括中山、低山、丘陵、台地（岗地）、平原几种地貌。西北是大别山中、低山区，中部是波状起伏的丘陵地，东南和沿江是江湖平原。地势由大别山主峰向长江倾斜，形成了山区、丘陵区和圩畈区3个不同类型的区域。

太湖县属皖西南丘陵低山区，地势西北高、东南低，县城西北部为重峦叠嶂的大别山余脉，东南部香茗耸秀、泊湖蓄美，大都为丘陵平畈交错之地。望江县的地势自西向东逐渐倾斜，西北为低岗丘陵区，最高海拔为489 m（香茗山南尖），东南为滨江滨湖平原，最低海拔为8.5 m（大湾稻香圩底）。安庆六白猪的产区多为丘陵和山区，丘陵区的海拔低于400 m，低山区的绝对海拔在400～800 m，中山区的绝对海拔高于800 m。

（2）气候

产区气候四季分明，具有北亚热带季风气候特征。冬季受西北内陆气流控制，气温较低；夏季受东南海洋气流影响，炎热潮湿。年平均气温为16.4℃，1月的平均气温为3.7℃,7月的平均气温为28.4℃。年平均日照时数为1937.7 h，无霜期为11月20日～3月15日，年平均降雨量为1368.4 mm。

（3）水源和土质

产区内湖泊河流众多，有黄湖、泊湖、武昌湖、栏杆湖、皖河，以及后期建设的花凉亭水库，水源充足、水系发达。山区有大别山余脉香茗山，这里的地理环境不仅对农作物生长非常适宜，同时对养猪生产也十分有利。

二、品种来源及数量

1. 品种来源

据《望江县志》《宿松县志》《太湖县志》及居民家谱有关史料考证，望江、宿松、太湖居民大部分祖籍江西鄱阳湖一带，早在西汉时期，江西鄱阳居民大量渡江迁居望江、宿松、太湖一带，鄱阳花猪随移民进入该地区。据此推测，安庆六白猪形成的历史比较悠久。

安庆六白猪产于华北型和华中型猪交接混杂之处，猪种来源复杂，北部受湖北圻春、英山的黑猪，西部受湖北黄梅的眉花猪，南部受江西彭泽、鄱阳花猪的影响。历史上当地就有购买北部的黑猪与鄱阳花猪进行杂交的习惯，经过劳动人民长期的精心饲养管理和严格选择，育成了具有"六白"特征的耐青粗饲料、抗病力强的优良地方猪种。

2. 调查概况

本次调查从2017年3月初开始，历时两个月对安庆六白猪的核心产区安徽安庆进行了实地调查，调查步骤如下：①在学术刊物上检索有关安庆六白猪的文献资料；②在安庆市农业委员会查得有关安庆六白猪的调查资料及近3年的存栏量报表，确定调查的地点；③在望江县现代良种养殖有限公司对安庆六白猪进行体尺数据测定，并拍摄照片；④针对2007年的普查结果，对安庆六白猪的分布进行调查，并对安庆六白猪产区重点调查。通过调查发现，安庆六白猪受到当地政府和畜牧部门的重视和保护，保种场数量增加，但群众饲养量下降。

3. 群体数量及近15～20年的消长形势

（1）核心群数量

太湖县畜牧局于2002年建立安庆六白猪种猪场，存栏种猪52头，另有55头种猪投放农户饲养。望江县于2005年建立了安庆六白猪的保种群，其中公猪6头、母猪122头。据2007年调查，安庆市共存栏公猪21头、母猪507头。2015年及2017年安徽省保种场审定时，保种场存栏种猪在600头以上。

（2）商品猪群数量

20世纪80年代采取各种保护措施，安庆六白猪种猪数量在90年代初达到最高峰。1997年太湖县安庆六白猪的饲养量为35万头，占全县总饲养量的60%左右。

近年来由于大量引进外来猪种杂交，猪群也越来越混杂，商品猪群中安庆六白猪的数量正日益减少。2017年调查显示安庆六白猪的存栏量不足5万头。

（3）安庆六白猪选育措施

在主产区建立良种繁育基地，大力开展群众性的选育工作，积极扩大猪群数量，提高猪群质量。选育保持耐粗饲、抗病力强、母猪母性强、肥猪肉质好且瘦肉多等原有性状，繁殖力、增重率、瘦肉率又有较大提高的地方优良猪种。

三、体　形　外　貌

1. 一般特征

安庆六白猪体形中等偏小，体质细致，头轻，嘴筒宽、中等长，鼻面微凹，面部皱纹清晰，额部有明显的菱形皱纹，群众谓之"福字头"，吻部为肉红色，腹小、微下垂，背腰平直，体形修长，后躯丰满，四肢结实，乳头有7对以上。

2. 被毛形态与类型

安庆六白猪按六白范围的多少，可分为长六白、短六白两种。长六白猪自额部至嘴筒有一条流星，尾端为白色，前肢自腕关节、后肢自跗关节以下均为白色。短六白猪仅额部、尾端和四蹄上三寸①以内为白色。

3. 头部特征与类型分布

安庆六白猪按头型分为长嘴筒和短嘴筒两种类型。长嘴筒型猪的头较窄，骨骼粗壮结实，繁殖力高，初产母猪的产仔数为 9 头左右，经产母猪的产仔数为 12～14 头，但生长较慢，分布在有放牧场的湖滩地带。

短嘴筒型猪的额较宽，嘴筒短而宽平，耳较大，耳尖下垂至嘴叉，背腰宽广，全身比较丰满，四肢结实，繁殖力相对较低，初产母猪的产仔数为 7 头左右，经产母猪的产仔数为 10～12 头，分布在饲养条件较好的畈区（图 12.1，图 12.2）。

图 12.1　安庆六白猪公猪
（调查组拍摄）
扫码见彩图

图 12.2　安庆六白猪母猪
（调查组拍摄）
扫码见彩图

四、体尺、体重

调查组在望江县现代良种养殖有限公司和太湖县安庆六白猪保种场有限责任公司对安庆六白猪的体重和体尺进行了测量，结果见表 12.1。

表 12.1　安庆六白猪的体尺、体重表

性别	年龄	测定数量 / 头	体重 /kg	体直长 /cm	胸围 /cm	体高 /cm
公	1～2 岁	6	59.04	109.25	88.50	61.75
	2 岁以上	5	109.60	129.33	112.67	66.00
母	1 岁以下	3	37.56	89.33	76.67	48.17
	1.5～3 岁	40	76.24	114.98	99.40	59.48
	3 岁以上	21	97.31	123.52	108.00	63.40

资料来源：调查组于 2016 年在望江县和太湖县测定

---

① 1 寸 =（1/30）m

五、生产与繁殖性能

1. 育肥性能

安庆六白猪仔猪在 4 月龄以后，喂给全价饲料配合部分青饲料，到 10～12 月龄开始催肥，一般催肥 1.5～2 个月屠宰，催肥时采用高能低蛋白饲料，并投饲大量青饲料。体重从断奶时的平均 9.5 kg 增至 12 月龄时的 93.5 kg。

安庆六白猪在 90～100 kg 时增重较快，100 kg 以上增重缓慢，故一般以 12～14 月龄、体重为 90～100 kg 时屠宰为宜。

1981 年对安庆六白猪的屠宰测定表明：80～90 kg 体重阶段的屠宰率平均为 73.2%；活重在 90 kg 以上猪的屠宰率平均为 75.7%，胴体重为 82.6 kg，胴体直长为 71.5 cm，背膘厚为 3.22 cm，眼肌面积为 17.6 cm^2，大腿率为 25.4%，分割瘦肉率为 34.5%；活重在 80～90 kg 猪的分割瘦肉率可达 36.2%，分割脂肪率为 30%，瘦肉与肥肉比为 1：0.87。

2. 繁殖性能

安庆六白猪公猪在 3～3.5 月龄、母猪在 3～4 月龄开始性成熟。母猪的发情周期为 18 d 左右，发情持续期为 3～4 d，公猪 7～8 月龄体重达 40～50 kg、母猪 5 月龄体重达 30～35 kg 时开始配种利用。公猪在饲养条件好的情况下，可以利用 10 年，饲养条件差时只能利用 6～7 年；母猪一般一年繁殖 2 窝，有的达 2.5 窝，一般可以利用 6～7 年。

初产母猪平均产活仔数为 7.13 头，仔猪平均初生重为 0.65 kg，1 月龄每窝活仔数为 7.08 头，平均窝重为 21.95 kg，双月断奶平均活仔数为 7 头，平均窝重为 49 kg，平均个体重为 7 kg，哺育率为 98.17%。经产母猪每窝产活仔数为 10～13 头，仔猪平均初生重为 0.8 kg，60 日龄断奶窝重为 75 kg 左右，据对 244 窝的调查统计，平均产活仔数为 10.54 头，平均初生重为 0.69 kg，1 月龄每窝活仔数为 10.3 头，平均窝重为 98.65 kg，平均个体重为 9.74 kg，哺育率为 95.92%。

六、饲 养 管 理

当地群众称安庆六白猪为"草包猪、糠育肥"。安庆六白猪耐粗饲性能较好，母猪常年以青粗饲料为主，仅在产前、产后各 1 个月加大精饲料饲喂量，在这种条件下，仔猪育成率仍达 95.92%；肉猪除在 2～4 月龄和催肥期采用配合饲料外，其他生长阶段皆以青粗饲料为主，在这种饲养条件下，从断奶后至饲养到 100 kg，平均日增重仍达 275 g。

（1）种猪选择

外形特征符合安庆六白猪特征。母猪：身体匀称、背腰平直、阴门明显、没有瞎乳头、乳头排列均匀且有效乳头数在 6 对以上。公猪：外形特征符合安庆六白猪特征、体形丰满、四肢结实、前胸宽且高。

（2）种猪的饲养管理

种公猪：单独饲养，饲料配比为玉米 40%、豆粕 11%、种公猪预配饲料 4%、麸皮 15%、米糠 30%，一般饲喂量为每头每天 2 kg，每天饲喂两次，时间为上午八点和下午五点。另外，还要饲喂青饲料如黑麦草等，饲喂量为每头每天 2 kg 左右，每天饲喂两次，自由饮水。每天的运动时间为 30 min～1 h。

空怀母猪：饲料配比为玉米 55%、豆粕 16%、麸皮 8%、哺乳期预混饲料 4%、米糠 17%，每头每天 3 kg 左右，一天饲喂两次，时间为上午八点和下午五点。另外，还要饲喂青饲料如黑麦草等，饲喂量为每头每天 2 kg 左右，每天饲喂两次，自由饮水。

（3）妊娠母猪的饲养管理

饲料配比为玉米 40%、米糠 40%、妊娠期预混饲料 4%、豆粕 5%、麸皮 11%。妊娠前期指配种成功后 35 d，饲喂量为每头猪每天 1.5 kg，一天两次。妊娠中期指 36～90 d 这一时期，饲喂量为每头猪每天 2.5 kg，一天两次。妊娠后期指 91～110 d 这一时期，饲喂量为每头猪每天 3 kg，一天两次。妊娠期每头猪每天饲喂青饲料 2 kg，一天两次。妊娠期要尽量避免吃霜草或霉烂的饲料，不饮冰水，避免母猪受惊猛跑，以防流产。母猪临产前 3 d 赶到产房，等待分娩。

（4）仔猪的饲养管理

母猪生产完毕后，把仔猪全身黏液擦拭干净，将脐带里的血液向腹部挤压，在离腹部 4～5 cm 处将脐带捏断，用 2% 的碘酊消毒。出生到首次吃初乳的间隔时间最好不超过 2 h，出生后 2～3 d，需要人工辅助固定奶头。可在母猪舍内设立仔猪保温箱，内置 250 W 的红外线灯，为仔猪营造温暖的环境，同时减少疾病的发生。在仔猪出生第一天，用消毒的钳子剪去仔猪的牙齿。补饲：仔猪在哺乳期采食饲料，用颗粒状饲料，一般在 5～7 日龄开始诱食，每天不少于 4 次，每次每头饲喂 30～50 g。

（5）哺乳母猪的饲养管理

哺乳期为 36 d 左右，饲料配比为玉米 55%、豆粕 16%、麸皮 8%、哺乳期预混饲料 4%、米糠 17%，另外还要加入金霉素（占饲料总量的 0.2%）、10% 的泰乐菌素（占饲料总量的 0.2%）。哺乳期母猪在产后 1～5 d 要增加喂料量，每天每头猪的饲喂量为 4 kg，5 d 之后达到哺乳期正常定量，饲喂量为每天每头猪 3 kg。

（6）断奶仔猪的饲养管理

断奶仔猪指出生 36 d 后断奶至 2 月龄这一阶段的猪，饲料选用断奶仔猪专用断奶料，换料要在断奶 5～7 d 后缓慢进行，换料期间将新旧料放在一起饲喂，然后逐渐换掉旧料。仔猪断奶后半个月内要比哺乳期多饲喂一到两次，主要是加喂液食。

七、科 研 进 展

1. 研究工作

截至 2017 年 7 月，安庆六白猪的研究工作有如下几方面：①安庆六白猪的相关血液生化指标分析；②安庆六白猪的肉质特征分析；③分子遗传多样性及种群遗传特征分析；④免疫、血脂性状、胴体品质性状等候选基因多态检测及其与经济性状的相关性分析，以及部分基因的组织表达分析；⑤借助细胞培养技术开展地方良种猪遗传资源保护；⑥优质瘦肉型安庆六白猪新品系的选育及应用研究；⑦对安庆六白猪产仔性状和繁殖性能的研究。

2. 保种场建设和品种登记

1）1981 年建立了安庆六白猪品种登记制度。

2）提出保种和利用计划。安徽省 1987 年发布了《安庆六白猪》（皖 D/XM01—1987）地方标准。

3）采用保种场保护。2015 年在望江县现代良种养殖有限公司设立国家级保种场，2017 年在太湖县的安徽省花亭湖绿色食品开发有限公司设立省级保种场。

八、评价与展望

安庆六白猪是在以青粗饲料为主的舍饲条件下，经过劳动人民长期精心选育而形成的耐青粗饲料、肉质好的地方猪种。今后应将巩固与提高现有保种场的工作放在首位，制订保种与选育工作方案并付诸实施；在中心产区，精心组织以安庆六白猪为母本的有计划的杂交利用工作，提高生猪出栏率，增加农民收益，以促进保种。

为了有效保存和开发利用安庆六白猪这一优良地方品种，更好地发挥其遗传优势，太湖县畜牧兽医局 2006 年建立了安庆六白猪保种场，依托安徽农业大学动物遗传育种与繁殖专业重点学科的技术支撑，利用安庆六白猪品种资源，与外来良种猪开展杂交选育，结合现代分子育种手段培育优质、高繁殖力母系，在保证高繁殖性能、优质胴体、优良肉质和相对高速生长的前提下，培育安庆六白猪新品系，最终利用巴克夏猪、长白猪和大约克猪的不同纯系对其杂交配套组装，生产优质瘦肉型商品猪，并在此基础上开展饲养技术集成研究和猪肉成品的加工和研发，建立示范基地。

建立原种开发利用研究机构，深入、系统、全面地进行研究，对安庆六白猪的潜在价格进行挖掘，寻求多方合作，对合理开发利用种质资源的潜力企业加大投资力度，有效发挥技术、种质资源、资金的优势，达到保种与开发并重的良性循环模式。

参 考 文 献

安徽省畜禽遗传资源保护中心. 2014. 安徽省地方品种猪保护与利用工作情况［J］. 中国畜牧业，（23）：23-24.

包文斌，陈宏权，周群兰，等. 2005. 安徽地方猪种染色体 Ag-NORs 分析研究［J］. 畜牧与兽医，37（12）：14-16.

陈伟平. 2015. 断奶仔猪小肠发育相关候选基因的研究［D］. 合肥：安徽农业大学硕士学位论文.

丁冲. 2015. *LIF* 基因多态性检测及其与母猪产仔性状的关联性分析［D］. 合肥：安徽农业大学硕士学位论文.

丁月云，孟云，周晓明，等. 2013a. 安庆六白猪血液生化指标的发育性变化及性别差异［J］. 江苏农业科学，41（10）：161-163.

丁月云，孟云，周晓明，等. 2013b. 性别对安庆六白猪体尺性状、胴体性能及肉质性状的影响［J］. 西南农业学报，26（6）：2592-2595.

丁月云，殷宗俊，张晓东，等. 2017. 一种比较断奶仔猪抗应激生理反应能力的标记引物和方法：CN 106636356 A［P］.

丁月云，朱卫华，薛玮纬，等. 2014. 安徽地方猪 *TLR4* 基因第 3 外显子的 SNP 分析［J］. 畜牧兽医学报，45（11）：1767-1774.

付坤. 2016. 安徽地方猪 *LDLR* 基因多态、表达及其与肉质的相关性分析［D］. 合肥：安徽农业大学硕士学位论文.

黄龙. 2013. 安徽地方猪种胴体与肉质性状候选基因研究［D］. 合肥：安徽农业大学硕士学位论文.

黄龙，余大华，何小雷，等. 2013. 猪 *PLIN1* 基因单核苷酸多态检测与遗传分析［J］. 安徽农业大学学报，40（5）：701-705.

季索菲. 2011. 猪成纤维细胞脂质体或电穿孔转染 pEGFP-N1 条件的优化［D］. 合肥：安徽农业大学硕士学位论文.

季索菲，包文斌，曹鸿国，等. 2011. 安庆六白猪和梅山猪成纤维细胞体外培养与生物学特性［J］. 扬州大学学报（农业与生命科学版），32（3）：24-29.

吕效应. 2013. 优质瘦肉型安庆六白猪新品系选育及应用研究［J］. 中国畜牧兽医文摘,（1）：81-84.

潘见, 杨俊杰, 朱双杰, 等. 2014. 4 种不同品质猪肉香气的差异［J］. 食品科学, 35（6）：133-136.

潘见, 杨俊杰, 朱双杰, 等. 2015. 四种不同品种猪肉滋味成分差异研究［J］. 食品工业科技, 36（14）：161-164.

彭华. 2014. 44 个地方猪种入选《国家级畜禽遗传资源保护名录》［J］. 中国猪业, 9（3）：55.

王利生, 章为敏, 支海波. 2012. 浅谈枞阳黑猪品质资源保护与开发利用［C］// 中国畜牧兽医学会养猪学分会. 中国畜牧兽医学会养猪学分会五届三次理事会暨生猪产业科技创新发展论坛论文集. 长春：132-134.

王中才, 严燕, 张陈华, 等. 2010. *OB* 基因对安徽四个地方品种猪产仔性能的影响［C］// 中国畜牧兽医学会养猪学分会. 中国畜牧兽医学会养猪学分会第五次全国会员代表大会暨养猪业创新发展论坛论文集. 桂林：107-110.

吴逸. 2014. 政企联合推动地方畜禽良种保护——国家级遗传资源保护品种安庆六白猪的保种现状［J］. 科学种养,（3）：98.

薛玮玮. 2014a. 肉质候选基因在不同品种猪中的表达差异及与肉质的关系［D］. 合肥：安徽农业大学硕士学位论文.

薛玮玮. 2014b. 猪 *TAP1* 基因多态性及其与断奶仔猪免疫指标的相关性分析［D］. 合肥：安徽农业大学硕士学位论文.

严燕. 2009. 安徽四个地方猪种 *Leptin* 基因多态性研究及其与产仔性状的关联分析［D］. 合肥：安徽农业大学硕士学位论文.

严燕, 张陈华, 王阳, 等. 2011. *OB* 基因对安徽 4 个地方品种猪产仔性能的影响［J］. 江苏农业学报, 27（3）：543-549.

杨俊杰. 2015. 三种中国地方猪肉与瘦肉型猪肉的风味品质比较和鉴别研究［D］. 合肥工业大学博士学位论文.

张海英. 2016. 安庆六白猪的保种与利用［J］. 中国畜牧兽医文摘, 32（6）：71.

张金辉. 2014. 生猪产业技术体系助推养猪业健康快速发展［J］. 猪业科学,（9）：142-143.

张梦琦, 丁月云, 付坤, 等. 2015. 安庆六白猪 *TAP1* 基因 SNPs 检测及其与断奶仔猪部分免疫指标的相关性分析研究［C］// 中国畜牧兽医学会. 中国猪业科技大会暨中国畜牧兽医学会 2015 年学术年会论文集. 厦门：95.

张淑静. 2014. 肉质候选基因在不同品种猪中的表达差异及与肉质的关系［D］. 合肥：安徽农业大学硕士学位论文.

张淑静, 刘力源, 殷宗俊, 等. 2014. 不同品种猪背最长肌肌苷酸含量及相关基因表达的比较［J］. 食品与发酵工业, 40（6）：187-192.

张伟力, 殷宗俊. 2012. 安庆六白猪肉切块质量点评［J］. 养猪,（2）：73-74.

张伟力，殷宗俊，黄龙，等. 2013. 安庆六白猪胴体表观特点初评［J］. 猪业科学，（1）：128-129.

张晓东，王恒，丁月云，等. 2014. 安徽省 4 个地方猪种 *ESR* 和 *FSHβ* 基因多态性及其与产仔数的关联分析［J］. 安徽农业大学学报，41（4）：579-584.

中华人民共和国农业部. 2007. 中华人民共和国农业部公告第 662 号——国家级畜禽遗传资源保护名录［J］. 湖北畜牧兽医，（1）：7.

周晓明. 2013. 安庆六白猪种质资源保护与产业化开发［J］. 中国猪业，（S1）：82-84.

朱卫华. 2014. 猪 *TLR4* 基因多态性及与其断奶仔猪免疫指标的关联分析［D］. 合肥：安徽农业大学硕士学位论文.

调查人：王恒、刘洪瑜、张晓东
当地畜牧工作人员：周晓明
主要审稿人：任广志

第十三章

泌 阳 驴

泌阳驴（Biyang donkey）是我国的优良驴种之一，因泌阳县是其中心产地而得名。因其具有"三白缎子黑"（全身被毛为黑色，眼圈、嘴头周围和下腹部为粉白色）的外貌特征，故又称"三白驴"。泌阳驴具有耐粗饲、抗病力及适应性强、遗传性能稳定等优良特性。其中心产区位于河南西南部的泌阳，主要分布在唐河、社旗、方城、南阳、西平、遂平、叶县、襄城、舞阳等地，目前存栏量为1万头左右。

泌阳驴公驴体重为 285.77 kg，体高为 138.70 cm，体斜长为 140.90 cm，胸围为 148.00 cm，管围为 17.00 cm，最大挽力为 205 kg；母驴的体重为 263.04 kg，体高为 131.40 cm，体斜长为 139.90 cm，胸围为 142.50 cm，管围为 16.20 cm，最大挽力为 185.1 kg。泌阳驴 3 岁前生长发育较快，尤其是 2 岁前发育迅速。泌阳驴肉色暗红，肌纤维较细，背最长肌中大理石状结构明显，肉味和汤味鲜美。泌阳驴较早成熟，公驴的性成熟期为 1～1.5 岁，初配年龄为 2.5～3 岁，繁殖年龄达 13 岁以上。母驴的性成熟期为 10～12 月龄，初配年龄为 2～2.5 岁，发情周期为 18～21 d，妊娠期为 357.4 d，一般为三年两胎。母驴繁殖使用到 17～19 岁，终生产驹 12～14 头，幼驹的初生体重为 20～30 kg。

由于社会需求、饲养效益的影响，泌阳驴数量呈下降趋势，在产业发展中存在良种选育落后及繁育体系发展不完善、研发滞后于生产等问题，因此，在生产中要制订泌阳驴发展规划及优惠政策，加大开展泌阳驴人工授精研究、泌阳驴肉用性能选种选育研究和泌阳驴育肥配套技术研究，促进泌阳驴产业发展。

一、一般情况

1. 品种名称

泌阳驴是我国优良驴种之一，又称"三白驴"。泌阳驴具有耐粗饲、抗病力及适应性强、遗传性能稳定等优良特性。泌阳驴和其他驴种相比，属于中型驴种，具有体形结构紧凑、黑白界限明显、繁殖性能强等特点。

2. 中心产区和分布

泌阳驴的中心产区位于河南省泌阳县，县内集中产区多分布于平原和河冲地带（羊册、官庄、赊湾及春水等乡镇），相邻的唐河、社旗、方城、南阳、西平、遂平、叶县、襄城、舞阳等地区也有分布。由于农业机械的发展和利用，以及使役和牧草等原因，泌阳驴存栏量有所下降。1980 年泌阳驴的存栏量约为 1.8 万头；1986 年泌阳驴的存栏量约为 0.9033 万头；2005 年末泌阳驴的存栏量约为 0.8958 万头；2016 年泌阳驴的存栏量为 2 万头左右，其中泌阳县存栏 13 178 头。

3. 产区的自然生态条件

泌阳位于北纬 32°72′、东经 113°32′，驻马店西南部，南接桐柏，北连方城、舞阳，西邻唐河、社旗，东交遂平、确山、驿城区。产区总面积为 2335 km²，地势中部高、东西低，山区面积占总面积的 43%，丘陵区占 41%，平原区占 16%。海拔为 83～983 m，平均海拔为 142.1 m；泌阳地处北亚热带与暖温带过渡地带，属大陆性季风气候。春暖温季短，夏炎热多雨，秋短夜凉昼热，冬长寒冷少雪。四季分明，气候湿润。夏多西南风，秋至春多偏北风。据 1957～1958 年的水文、气象资料统计，产区内常年日照时数为 1758～2361 h，年平均日照时数为 2066.3 h；年平均气温为 14.6℃；年无霜期为 219 d；年平均降水量为 960 mm；年平均降雨日数为 104 d。产区内物产丰富、土地肥沃，土壤有黄棕壤土、潮土、砂姜黑土和水稻土 4 类，质地坚硬，多种杂粮。草山、草坡、河滩较多，野草丛生，是驴群饲养的良好基地。

农作物主要有小麦、大豆，一年两熟，其他作物有谷子、红薯、玉米、高粱、芝麻、花生和棉花等，此外还有种植豌豆、大麦的习惯，饲料资源十分丰富，对养驴业发展十分有利。

二、品种来源及数量

1. 品种来源

产区历来有养驴的习惯，据成书于康熙三十四年（1695 年）的《泌阳县志·风土类·兽类·驴》记载，泌阳驴"长颊广额、长耳、修尾、夜鸣更，性善驮负，有褐、黑、白斑数色"，由此可见当地养驴历史久远。

产区气候温和，雨量充沛，适宜各种作物的生长。各种农副产品，如谷草、麦糠、豆角皮、红薯秧、花生秧、玉米叶等都是驴喜爱吃的好饲料。特别是泌阳驴的集中产区，丘陵岗地多，河滩地域大，野草丰盛，这些自然条件为泌阳驴提供了充足的饲料来源，为泌阳驴品种的形成提供了丰富的物质基础。

产区群众素有养驴的习惯，积累了丰富的饲养管理、选种选配经验。1949年以前，产区就有不少饲养种驴户，他们对种公驴的选种要素是背毛黑亮、三白特征明显、外貌俊秀、个大匀称，并总结出了"两担（两睾丸）、四斗（四蹄）、八升（叫声）"的选种经验，即要求种公驴两睾丸大小适中，左右对称；四脚站立如柱，蹄平放稳如斗；嘶鸣连叫8声，洪亮有力。因此，泌阳驴的形成与群众长期的选种是分不开的。

20世纪50年代，南阳地区畜牧工作站在产区进行调查，将泌阳县产的驴定名为泌阳驴。1956年河南省农业厅在泌阳县建立泌阳驴场，并划定泌阳驴选育区，全县各乡镇都有配种站，经常举行公驴比赛，这对泌阳驴的发展起到较大的促进作用。

2. 调查概况

本次调查从2017年4月初开始，历时两个月对泌阳驴进行了实地调查，调查步骤如下：①在学术刊物上检索有关泌阳驴的文献资料；②在泌阳县查得20世纪80年代有关泌阳驴的调查资料及近3年的存栏量报表，确定调查的地点；③在泌阳驴保种场拍摄照片；④针对普查结果，对泌阳驴的分布进行调查，并对泌阳驴产区重点调查。

3. 群体数量

1986年泌阳驴存栏9033头；2005年泌阳驴存栏8958头，其中基础母驴5880头，公驴32头；2016年泌阳县泌阳驴存栏13 178头。

三、体 形 外 貌

1. 毛色等重要遗传特征

泌阳驴的毛色以粉黑色为主（据泌阳县畜牧局对316匹泌阳驴毛色进行统计，粉黑色占83.4%），黑色为7.9%，青色为3.2%，驼色及其他为5.5%；标准的毛色为全身粉黑（如黑锦缎一般），粉鼻，粉眼，白肚皮，耳内侧有一簇白毛。

2. 外貌特征

泌阳驴属中型驴种，被毛细密而短，富有光泽，体形近似正方形；头直，额部稍突起，干燥清秀；口方正，耳耸立，长而不厚，耳内基部有一簇白毛；颈长适中，颈肩结合良好；中躯较长，背部平直，腰部短，胸宽而深，后躯较前躯高；尻长而宽，稍斜；四肢端正，关节不大，筋腱明显，系短有力，蹄质结实而致密，尾毛上紧下松，似炊帚样。公驴性悍威，腹部紧凑充实（图 13.1）；母驴性温驯，腹部大而不下垂（图 13.2）。泌阳驴群体如图 13.3 所示。

图 13.1　泌阳驴公驴 （调查组在泌阳驴保种场拍摄）

图 13.2　泌阳驴母驴 （调查组在泌阳驴保种场拍摄）

扫码见彩图　　　　　　　　　　　　　　扫码见彩图

图 13.3　泌阳驴群体（调查组在泌阳驴保种场拍摄）

扫码见彩图

四、体尺、体重

调查组对 50 头泌阳驴体尺性状的测定结果，以及其与 1980 年相比较的结果均列于表 13.1。表 13.1 的结果表明，2006 年测定的各项指标较 1980 年有较大幅度的提高，主要原因是随着农业机械化程度的提高，泌阳驴作为农区役力已逐渐被淘汰，进入 21 世纪后由于城乡居民膳食结构的改变，高蛋白、低脂肪和具有保健功能的泌阳驴肉备受青睐，泌阳驴的肉用、药用等利用开发价值不断提高，泌阳驴的选种选育开始向肉用方向转化，品种质量有了较大提高。

表 13.1 泌阳驴的体尺、体重表

项目	2006 年		1980 年	
	公	母	公	母
调查头数	10	40	31	139
体重 /kg	285.77	263.04	183.88	186.31
体高 /cm	138.70±5.40	131.40±5.20	119.48±8.97	119.20±9.20
体斜长 /cm	140.90±10.50	139.90±7.80	117.96±8.77	119.80±9.40
胸围 /cm	148.00±6.90	142.50±7.80	129.75±9.26	129.60±10.70
管围 /cm	17.00±1.20	16.20±1.20	15.01±1.42	14.30±1.30

资料来源：2006 年的数据由泌阳县畜牧局和郑州牧业工程高等专科学校联合测定；1980 年的数据引自王立之等（1983）

五、生产与繁殖性能

1. 生产性能

（1）役用性能

泌阳驴的役用性能好，公驴的最大挽力为 205 kg，其最大挽力为体重的 104.4%；母驴的最大挽力为 185.1 kg，为体重的 77.83%。据调查，用单驴挽小胶货车拉货，在一般公路上，可载重 500 kg 左右，拉载 8～10 h，日行 40～50 km；驮运时，负重 100～150 kg，可日行 30～40 km。中耕除草，每天两套，每套 3～4 h，日可完成 0.53～0.67 km²；拉磨每天两套，每套 2～3 h，可磨粮食 30～40 kg。

（2）生长发育

泌阳驴的生长发育情况见表 13.2。从表 13.2 可以看出，泌阳驴的各项体尺指标在 3 岁前生长发育较快，尤其是 2 岁前更为迅速，在 3 岁以后生长速度变慢。

表 13.2 泌阳驴的生长发育情况

性别	年龄	头数	体重 /kg	体高 /cm	体斜长 /cm	胸围 /cm	管围 /cm
公	1 岁	14	123.2±33.4	103.8±5.04	106.5±10.1	110.7±8.91	13.6±1.7
	2 岁	10	164.7±47.2	115.4±10.01	116.5±11.4	122.3±10.5	14.4±1.9
	3 岁	10	167.1±23.7	117.5±7.6	116.8±7.3	123.4±5.3	14.6±1.0

性别	年龄	头数	体重 /kg	体高 /cm	体斜长 /cm	胸围 /cm	管围 /cm
公	4 岁	7	179.5±29.1	118.6±8.2	117.5±8.7	125.9±9.2	15.0±1.4
	成年	31	211.3±38.8	119.5±8.97	117.96±8.8	129.75±9.3	15.01±1.42
母	1 岁	12	124.7±26.4	109.0±8.9	105.4±10.0	112.3±8.0	14.0±1.2
	2 岁	22	151.0±38.0	113.3±10.4	111.2±10.3	119.8±10.2	14.2±1.6
	3 岁	16	171.3±9.1	118.1±11.2	116.4±10.0	125.1±9.8	14.2±1.1
	4 岁	25	181.1±34.0	118.9±9.3	118.5±6.8	127.8±9.4	14.3±0.9
	成年	139	188.9±43.3	119.2±9.2	119.8±9.4	129.6±10.7	14.31±1.3

资料来源：表中数据由泌阳县畜牧局泌阳驴保种场提供

（3）屠宰率

泌阳驴的屠宰性能较好。肉色暗红，肌纤维较细，背最长肌中大理石状结构明显，肉味和汤味鲜美。泌阳驴的屠宰性能测定见表 13.3，泌阳驴的肉品质测定见表 13.4。

表 13.3   泌阳驴的屠宰性能测定表

项目	2015 年	1981 年
数量 / 头	7	5
活重 /kg	118.50±8.35	173.97±6.11
胴体重 /kg	57.33±5.79	84.84±4.90
净肉重 /kg	42.17±3.42	60.71±2.56
骨重 /kg	15.17±1.17	20.01±1.85
皮重 /kg	7.83±1.17	10.88±0.61
屠宰率 /%	48.38±2.75	48.77±1.41
净肉率 /%	35.59±2.20	34.90±1.23
胴体产肉率 /%	73.56±4.69	71.56±2.37
肉骨比	2.78±0.07	3.03±0.26

表 13.4   泌阳驴的肉品质测定表

部位	水分 /%	肌内脂肪 /%	蛋白质 /%	剪切力 /kgf	熟肉率 /%
背最长肌	76.46±0.28	0.63±0.20	22.91±0.35	5.33±2.31	58.42±4.95
臀部	76.58±1.63	0.73±0.18	22.67±0.50	4.44±1.88	55.50±3.28

资料来源：周楠等，2015；王立之等，1984

2. 繁殖性能

泌阳驴较早成熟，公驴的性成熟期为 1~1.5 岁，初配年龄为 2.5~3 岁，直到 4 岁才正式作为种用，一个配种季节可配 80~100 头母驴，一次受胎率在 80% 以上，繁殖年龄达 13 岁以上；在性机能方面，成年种公驴每天可采精（或本交）一次，平均射精量为（64.9±24.6）mL，精子密度中等，活力在 0.8 以上。母驴的性成熟期为 10~12 月龄，初配年龄为 2~2.5 岁，全年均可发情，发情集中在 3~9 月；发情周期为 18~21 d，发情持续期为 4~7 d，妊娠期为 357.4 d，产后 8~16 d 第一次发情，母驴受胎率在 70% 以上，一般为三年二胎；母驴繁殖使用到 17~19 岁，终生产驹 12~14 头，幼驹的初生体重为 20~30 kg。

六、饲养管理

泌阳驴的精饲料有大麦、豆类及饼渣、麸皮、玉米、红薯秆、油饼等，粗饲料有谷草、麦秸、麦糠、豆角皮、红薯秧、花生秧、玉米秆、玉米叶、高粱叶和青干草等。群众还素有喂"花草"习惯，即将麦秸和花生秧、豆角皮等混喂，以增强适口性和提高饲草的营养价值。驴在夜间吃草到一定时间，引吭长嘶，且一处有声，四处附和，此起彼伏，连续数十分钟，是谓"夜鸣应更"。成驴每天需喂草 4~6 kg、精饲料 0.5~1.5 kg，少给勤添，先粗后精，中午饲喂 1~2 h，以晚上饲喂为主。

泌阳驴同其他驴一样，怕冷不怕热，有"寒骨驴"之称，四季需饮温水，夏季应防暴雨淋，冬季畜舍要保温。役后应让驴打滚落汗，不能拴在屋格下或风口处，饮水要"三提缰"，不可"热肚子饮水"，防止饮水过急、过猛。

七、科研进展

自泌阳驴 1987 年被列入《中国马驴品种志》，2006 年列入《国家级畜禽遗传资源保护名录》以来，该品种受到当地政府和畜牧部门的高度重视，并开展了一系列的保护与研究工作。目前主要采用保种场保护，2000~2004 年实施了"泌阳驴保种扩繁"项目，全县划定了泌阳驴保护区和繁育区，以泌阳驴提纯复壮为主，先后选育一级以上标准泌阳驴种公驴 10 头、基础母驴 300 头，开展选种、选配，同时还开展了泌阳驴冻精颗粒制作试验研究和肉驴育肥饲养试验研究。

为保护"泌阳驴"这一国内知名品牌，河南省畜牧局近年来投入保种经费 90 多万元，用于泌阳驴的保种，泌阳县充分利用电视、报纸、广播等媒体，全方位、多层次地宣传泌阳驴的优良特性和综合利用价值，并通过举行泌阳驴"选美大赛"等形式调动群众养驴的积极性。同时成立了泌阳驴保护开发领导小组，并在杨家集乡陈岗村建立了泌阳驴保种基地，建立了 3 个泌阳驴养殖示范村，建立核心保种群 210 头。加强乡村泌阳驴配种站点建设，建立相应的信息、网络体系。加强基层畜牧兽医站建设，做好泌阳驴疫病防治和新技术推广服务，组织中国农业银行、农村信用合作社等金融机构为养驴户提供优质服务，从资金上对农户进行扶持。为保护、开发好泌阳驴，目前泌阳县已建立了泌阳驴繁育中心，与山东东阿阿胶股份有限公司合作，采取"公司＋基地＋农户"的形式，建立了泌阳驴保护与开发基地。

截至 2017 年 6 月，泌阳驴的基础研究工作有：①分子遗传多样性及种群遗传特征分析；②泌阳驴遗传多样性微卫星标记分析研究；③泌阳驴功能基因表达分析研究等。

八、评价与展望

1. 品种评估

泌阳驴以体格较大、结构紧凑、外貌秀丽、性情活泼、役用性能好、耐粗饲、繁殖性能好、抗病力和适应性强等特点而著称，毛色黑白界限明显，在被引入地区能很好地适应当地的环境条件。今后应建好泌阳驴保护区和繁育区，进行良种登记，开发利用应由役用向肉用、驴皮药用方向转变，在保护区内通过本品种选育培育出出肉率较高的泌阳驴新品种，适当导入外血杂交，培育生长速度快、产肉多的肉用驴。

2. 存在的问题

由于社会需求、饲养效益的影响，泌阳驴自农村进行家庭联产承包责任制改革以来，数量开始逐年下跌。20 世纪 80 年代中期以后，泌阳驴的养殖量一直处于较低水平，直到 2003 年泌阳县启动泌阳驴保种项目后，泌阳驴才开始恢复发展，但数量仍然发展缓慢。此外，由于农民的选种选育意识逐渐模糊，加之保种措施不力，部分泌阳驴从外貌特征上看，毛色混杂，外貌特征不明显，已出现了品种退化现象。

3. 对策与建议

（1）政策驱动

要制订驴业发展规划及优惠政策，对养殖、加工、市场体系进行培育、科研攻关，并实行目标责任制。

（2）深化市场改革，进一步培育加工市场和加工企业

积极包装驴肉加工项目并进行招商，对原有的加工企业给予进一步支持，可根据生产销售额给予一定的资金奖励，努力打造出几个产品方面的"驴品牌"来。

（3）技术攻关

开展泌阳驴人工授精研究、泌阳驴肉用性能选种选育研究和泌阳驴育肥配套技术研究，对提高其生长速度、出肉率和饲料回报率乃至最终提高其综合养殖效益，具有深远意义。要加入全国先进的科研开发体系中，以便获得最新的信息、合作及技术；要做好科研项目的申报及实施工作，获得技术资金支持；更要重视项目开展实施的情况，注重实效。

4. 展望

2006年泌阳驴被列入《国家级畜禽遗传资源保护名录》，这对泌阳县发展养驴业具有重要的意义，泌阳驴全身是宝，肉质鲜美，肌肉外观大理石样条纹清晰，风味独特，具有较高的营养、保健和药用价值。驴皮不仅是制革的上等材料且能熬制名贵中药阿胶。驴鞭、驴宝更是价格昂贵，是深受市场青睐的时尚产品。因此，泌阳驴对于食品、医药、皮革和化工等行业来说，都将是紧俏原料，其经济价值高、市场潜力大已成为消费者的广泛共识。而扩大泌阳驴数量，提高其品种质量，搞好泌阳驴品种资源的保护与开发，对拉动泌阳县的县域经济、提高当地人民的物质生活水平具有重大的积极意义。

参 考 文 献

蔡云磊. 2009. 泌阳驴兴衰史 [J]. 河南畜牧兽医, 30（6）: 23-25.

高雪. 2001. 中国驴种来源的遗传学研究 [D]. 咸阳: 西北农林科技大学硕士学位论文.

葛庆兰, 雷初朝, 蒋永青, 等. 2007. 中国家驴 mtDNA D-loop 遗传多样性与起源研究 [J]. 畜牧兽医学报, 38（7）: 641-645.

吉进卿, 周文喜, 马章录. 2005. 河南省畜禽地方品种保护利用现状、问题及对策 [J]. 河南农业科学, 26（5）: 77-78.

蒋永青. 2007. 中国 10 个家驴品种的微卫星遗传分析 [D]. 咸阳: 西北农林科技大学硕士学位论文.

雷初朝, 陈宏, 杨公社, 等. 2005. 中国驴种线粒体 DNA D-loop 多态性研究 [J]. 遗传学报, 32（5）: 481-486.

李红梅. 2004. 六个驴品种血清蛋白多态性的研究 [D]. 晋中: 山西农业大学硕士学位论文.

孙伟丽. 2007. 中国四个地方驴品种 mtDNA D- 环部分序列分析与系统进化研究 [D]. 北京:

中国农业科学院硕士学位论文.

王立之，李德远，李鸿文，等. 1984. 泌阳驴的屠宰试验［J］. 河南农业科学，7：34-35.

王立之，李鸿文，李景芬，等. 1983. 泌阳驴调查报告［J］. 河南农林科技，5：27-28，38.

王伟，王红梅，孙秀玉. 2002. 浅谈泌阳驴保种与开发［J］. 河南畜牧兽医，22（9）：32.

谢芳. 2004. 利用微卫星标记分析中国驴品种的遗传多样性［D］. 扬州：扬州大学硕士学位论文.

张云生，王小斌，雷初朝，等. 2009. 中国 5 个家驴品种 mtDNA Cytb 基因遗传多样性及起源［J］. 西北农业学报，18（6）：9-11.

赵朝霞，刘文忠，米文进，等. 2008. 六个家驴品种 mtDNA D-loop 部分序列的遗传多样性分析［J］. 中国草食动物，28（4）：3-5.

郑立，刘延鑫，赵绪永，等. 2011. 河南 3 个驴种 mtDNA D-loop 区序列多态性及起源进化分析［J］. 西北农林科技大学学报，39（4）：30-34.

周楠，韩国才，柴晓峰，等. 2015. 驴的产肉、理化指标及加工特性比较研究［J］. 畜牧兽医学报，46（12）：2314-2321.

朱文进，张美俊，葛慕湘，等. 2006. 中国 8 个地方驴种遗传多样性和系统发生关系的微卫星分析［J］. 中国农业科学，39（2）：398-405.

《河南省地方优良畜禽品种志》编辑委员会. 1986. 河南省地方优良畜禽品种志［M］. 郑州：河南科学技术出版社.

《中国畜禽遗传资源状况》编写委员会. 2004. 中国畜禽遗传资源状况［M］. 北京：中国农业出版社.

《中国马驴品种志》编委会. 1989. 中国马驴品种志［M］. 上海：上海科学技术出版社.

调查人：吴海港、林琳、郝瑞杰、李芬、赵金辉
当地畜牧工作人员：祁兴山
主要审稿人：祁兴磊、雷初朝

第十四章

固　始　鸡

固始鸡（Gushi chicken）是我国一种黄鸡类型的优良地方品种，具有产蛋性能较好、蛋品质优良、肉质好、尾型独特、遗传性能稳定等特点，为肉蛋兼用型鸡，有中国"土鸡之王"之美誉。其自然分布地域广，数量较大，几乎整个河南省南部沿淮河流域一带的广大地区都已自然形成了固始鸡的天然繁殖区。

目前，河南三高农牧股份有限公司以固始鸡为素材，已经成功培育出固始鸡配套系——国审新品种三高青脚黄鸡 3 号〔（农 09）新品种证字第 51 号〕。固始鸡开发已走上产业化的良性发展轨道，近年来饲养量大幅增长，固始鸡资源的利用和发展呈现良好的态势。

一、一　般　情　况

1. 品种名称

固始鸡是在以河南省固始县为中心的一定区域内，在特定的地理、气候等环境和传统的饲养管理方式下，长期闭锁繁育而形成的具有突出特点的优秀鸡种，属于黄鸡类型中的一个优良地方品种。

2. 中心产区和分布

固始鸡原产于河南省固始县，主要分布于固始县及周边的鄂豫皖三省交界的大别山地区的山区乡村。中心产区为固始、潢川、商城、罗山等县，其中固始的饲养量占总饲养量的 60% 以上。此外，大别山周边地区安徽的金寨，湖北的红安、大悟等地还有零星分布。

3. 产区的自然生态条件

固始位于河南东南端、豫皖两省交界处，南依大别山，北邻淮河，中国南北地理分界线（秦岭 - 淮河分界线）穿境而过，素有"北国江南，江南北国"之称；总面积达 2946 km²；位于东经 115°21′～115°55′、北纬 31°46′～32°35′。固始的海拔一般在 1000 m 以下，海拔 500～800 m 的面积较大，山区地貌多种多样。

固始县属北亚热带向暖温带过渡的季风气候类型，具有四季分明、气候温和、日照充足、雨量适中等气候特点。年平均气温为 15.2℃，最高气温为 41.5℃，最低气温为 −11℃，1 月最冷平均气温为 0.2℃，7 月最热平均气温为 23℃，夏季平均气温为 22℃，冬季平均气温为 10℃，积温为 4500～5500℃，气温年较差为 22.8℃。年均降水量为 1287 mm，年降水日数为 161 d，空气相对湿度平均为 79%。全年日照时数为 2139 h，年无霜期为 220～230 d，能满足双季稻和一些喜温作物生长的需要。

产区的土壤为黏土和红棕壤土，呈中性或微酸性，具有亚热带的土壤特点。农作物以水稻为主，产量较高，旱作物产量则较低，种植有小麦、大豆、玉米、花生、红薯等作物，经济作物为棉花、麻类。林业、茶业及畜牧渔业资源颇为丰富。

固始县地处鄂豫皖三省交界，丘陵甚多，青竹成园，灌木成林，四季常青，阳光充沛，虫蚁较多。此外，还有大量的山泉河川、塘堰，盛产鱼、虾、螺、蚌之类，天然食饵丰富，为养鸡提供了丰富的动物蛋白饲料，固始鸡就是在这样良好的自然条件下，为固始劳动人民所喜爱并经长期民间饲养选育而成的。

二、品种来源及数量

1. 品种来源

固始鸡在当地有上千年的饲养历史。由于当地气候适宜，牧草饲料丰富，农副产品较多，优厚的生态条件、丰富的自然与生物资源、群众传统的养禽习惯，以及这一带以前交通不便的天然屏障作用，都促进了固始鸡品种的形成。与外界的隔绝，对固始鸡形成后的种群遗传稳定性起着重要的作用。据《固始县志》记载，固始鸡在清朝乾隆年间就作为贡品上贡朝廷。20 世纪 50 年代开始出口东南亚地区，六、七十年代被指定为京津沪特供商品。20 世纪 80 年代初，河南省第一次畜禽品种资源调查时固始鸡被正式列入《河南省地方优良畜禽品种志》，并进行了保种区的总体规划。

2. 调查概况

本次调查从 2016 年 8 月初开始，历时 1 个月对固始鸡进行了实地调查，调查步骤如下：①在学术刊物上检索有关固始鸡的文献资料；②在固始县查得 20 世纪 80 年代有关固始鸡的调查资料及近 3 年的存栏量报表，确定调查的地点；③查阅河南三高农牧股份有限公司保存的固始鸡的体尺数据，并拍摄照片；④针对 1991

年的普查结果，对固始鸡的分布进行调查，并对固始鸡产区重点调查。通过调查发现由于固始鸡受到当地政府和畜牧部门的重视和保护，固始鸡养殖已走上产业化的良性发展轨道，近年来饲养量大幅增长，固始鸡资源的利用和发展呈现良好的态势。

3. 群体数量

固始县固始鸡 1981 年的饲养量约为 882 万只，1991～1997 年的饲养量为 500 万～840 万只，1999～2001 年的饲养量为 1178 万～1695 万只，2002～2004 年的饲养量为 2137 万～2512 万只。2005 年，保种场饲养原种鸡约 5 万套，父母代 50 万套，形成 5000 万只商品鸡苗的生产能力。截至 2017 年 12 月，固始县固始鸡存栏量为 473 万只；商城存栏 30 万只；信阳存栏 510 万只左右。

4. 品种现状

农村自繁自养的固始鸡原种基本上以纯种繁育为主，品质与 20 世纪 80 年代相比变化不大。近年来，专业养殖场饲养的固始鸡主要为河南三高农牧股份有限公司培育的新品系和三高青脚黄鸡 3 号新品种（配套系）。新品系除保持原来的优良特性外，还具有生长快、产蛋量高、性成熟早、整齐度高、饲料转化率高等特点。优质高产系更加适合于笼养和规模化养殖，产蛋率比纯种提高 20%～30%；快速系与原纯种相比，明显具有日增重快和饲料转化率高的特点。

培育的三高青脚黄鸡 3 号父母代 66 周产蛋 189 枚，母本产蛋性能好且饲料消耗比纯种降低 20%～25%，商品代 16 周公鸡的体重为 1.6 kg、饲料转化率为 3.34 : 1。此配套商品代肉鸡保持了中国地方鸡种固始鸡优良的品质特性。该品种的育成，既保护了固始鸡原种，又通过配套系提高了固始鸡的生产性能，实现了保护与利用的有机统一。

三、体 形 外 貌

成年固始鸡的体躯呈三角形，属中等体形，羽毛丰满，体态匀称，外观秀丽。公鸡以佛手尾为主，母鸡兼有佛手尾和直尾。头大小适中，多为单冠，少部分有豆冠，以单冠为主，冠直立，有 6 个冠齿，最后一个冠齿有分叉现象，冠、肉髯、耳垂均呈鲜红色。眼大有神，稍向外突出，公雏鸡为深麻色，母雏鸡为浅麻色。成年公鸡为深红色或黄色，镰羽多呈黑色而富青铜光泽。成年母鸡以麻黄色为主，黑色、白色较少。成年公、母鸡喙短、略为弯曲，喙尖带钩，呈青黄色。胫、趾呈青色，公、母鸡的皮肤颜色为白色（图 14.1，图 14.2）。

扫码见彩图

图 14.1　固始鸡公鸡
（调查组拍摄）

扫码见彩图

图 14.2　固始鸡母鸡
（调查组拍摄）

四、体尺、体重

固始鸡成年鸡的体重和体尺见表 14.1。

表 14.1　固始鸡成年鸡的体重与体尺

性别	体重/g	体斜长/cm	胸宽/cm	胸深/cm	胸角/cm	龙骨长/cm	骨盆宽/cm	胫长/cm	胫围/cm
公	2270±200	24.8±0.8	8.2±0.6	11.7±1.0	71.0±4.5	13.2±0.8	9.7±0.5	11.5±0.5	4.9±0.4
母	1789±220	21.1±1.0	6.9±0.5	11.2±0.7	76.0±3.2	12.8±1.5	8.7±0.1	8.6±0.4	4.1±0.4

资料来源：2006 年 8 月由河南农业大学和信阳市畜牧工作站测定 34 周龄公、母鸡各 30 只而得

五、生产与繁殖性能

1. 肉用性能

固始鸡生长期不同阶段体重见表 14.2，屠宰性能见表 14.3，肌肉的主要化学成分见表 14.4。

表 14.2　固始鸡生长期不同阶段体重　　　　　　（单位：g）

性别	周龄				
	初生	2	4	6	8
公	27.7±0.8	69.3±3.8	154.5±14.8	266.8±9.9	419.8±26.9
母	28.2±0.8	71.0±6.2	163.0±18.4	242.0±16.4	341.3±20.1

资料来源：2007 年由河南农业大学种鸡站测定公、母鸡各 96 只而得

表 14.3 固始鸡的屠宰性能

性别	宰前活重 /g	胴体重 /g	屠宰率 /%	半净膛率 /%	全净膛率 /%	腿肌率 /%	胸肌率 /%	腹脂率 /%
公	2210±260	1975±213	89.4±4.2	81.2±3.8	68.6±3.4	26.4±2.1	14.9±4.2	—
母	1790±150	1588±123	88.7±3.3	79.5±7.2	67.4±3.2	21.4±2.4	21.4±2.4	6.32±3.60

资料来源：2006 年 12 月由河南农业大学和信阳市畜牧工作站联合测定 300 日龄公、母鸡各 30 只而得

表 14.4 固始鸡肌肉的主要化学成分 （单位：%）

性别	水分	干物质	粗蛋白	粗脂肪	粗灰分
公	72.6±1.5	27.4±1.5	24.9±1.3	1.1±0.2	1.3±0.1
母	71.5±1.3	28.5±1.3	25.4±1.2	1.8±0.1	1.2±0.1

资料来源：2007 年 1 月由河南农业大学测定 300 日龄公、母鸡各 7 只（胸肌样）而得

2. 蛋品质量

固始鸡的蛋品质量见表 14.5。

表 14.5 固始鸡的蛋品质量

蛋重 /g	蛋形指数	蛋壳厚度 /mm	蛋壳色泽	哈氏单位	蛋黄比率 /%
52.2±2.9	1.32±0.09	0.34±0.02	褐色	80.1±4.3	34.7±2.1

资料来源：2006 年 8 月由郑州牧业工程高等专科学校测定 300 日龄鸡 56 个蛋样品

3. 繁殖性能

固始鸡 160～180 日龄开产，开产体重为 1540～1620 g；舍饲 68 周龄产蛋数为 158～168 个，初产蛋重为 43 g，平均蛋重为 52 g。在公母比为 1:（10～14）的条件下，种蛋受精率为 90%～93%，受精蛋孵化率为 90%～96%。在农村散养的情况下，大部分鸡都有就巢性；在集约化饲养条件下部分鸡有就巢性，但就巢性较弱。

六、饲 养 管 理

1. 野外散养

固始鸡耐粗饲，适宜野外散养，尤其在林地放养时，实现了"林 - 牧"生态养殖，既给鸡生长提供了良好的饲养小环境，又给林地提供了优质的有机肥。当地群众一般早晨将鸡放出，鸡在树林、竹园、茶园、鱼塘塘基中自由觅食虫、草，傍晚鸡自动回巢栖息，群众多于傍晚补饲剩饭剩菜，大、小麦或稻谷。固始鸡放养时首先要选择良好的养殖环境，其次努力保持和维护生态系统的安全和完整，自然环境要做到不破坏、不污染、不影响物种生态和繁衍，为固始鸡的饲养

创造适宜的生态环境。在整个饲养过程中，要按免疫程序进行各种疫苗接种免疫，避免传染病的发生。

2. 农户饲养

庭院散养，以每群 20～30 只为宜，饲料主要为稻谷、玉米、剩饭剩菜及青饲料。原始粗放的饲养管理，农户多采用春季孵化，在春暖花开的时节，用母鸡天然孵化，雏鸡由母鸡带养。出壳后 7 d 内让其在室内活动，饲喂碎米、玉米粉及切细的青菜，每天饲喂 5～6 次，一周后每天饲喂 3～4 次，农户常打捞一些小鱼、小虾来喂鸡，以弥补蛋白质饲料的不足。20 d 后，以放牧为主，由大母鸡带领，让其在田间地角、房前屋后觅食虫、蚁、谷物等食物，在早晚补饲剩菜剩饭、碎米、玉米、糠麸、野菜；也有少数农户使用配合饲料，拌湿后与切细的青草混合饲喂。成年鸡终日放牧，早晚补饲剩菜剩饭和原料粮（以稻谷、玉米、小麦为主）。

3. 集约化饲养

饲养规模较大，按照严格的饲养规程和防疫措施进行养殖。育雏期间，多采用立体笼养，常采用红外线灯等热源供热。种鸡应采用笼养和人工授精，以提高种蛋受精率和孵化率、成活率。在管理上要特别注意温度和湿度的控制，要经常保持室内通风与卫生，勤清粪，要经常保持环境卫生、强化消毒工作。整个饲养期饲喂全价配合饲料，有条件的可适量饲喂一些青绿饲草，以提高产蛋量和蛋的品质。要高度重视种鸡场的防疫工作，采用全程防疫制度防控白痢、球虫病等疾病；要认真做好各项记录，整理好档案。一般应接种禽流感、鸡新城疫疫苗，饲养期较长的产蛋鸡，还应接种鸡传染性支气管炎疫苗，夏秋季还应接种鸡痘疫苗。雏鸡阶段应在饲料中加入防白痢和抗球虫病的药物。

七、科 研 进 展

1. 研究工作

截至 2017 年 10 月，围绕固始鸡进行的研究工作有：①固始鸡分子遗传多样性及种群遗传特征分析；②固始鸡肉、蛋品质研究；③固始鸡功能基因分子标记的研究；④固始鸡营养需要的研究；⑤固始鸡饲养方式的研究等。

2. 保种场建设与发展

1977 年固始县投资建立"固始鸡原种场"，进行固始鸡的提纯复壮和选育

研究，从 1981 年开始，固始鸡原种场开展了固始鸡纯系选育工作，规模为 3000
只。1984 年以后，进行闭锁繁育。1990 年在固始的汪棚、草庙等地建立了保种
区，确保区内纯种繁育。1996 年固始县以固始鸡原种场为核心组建了河南三高
固始鸡发展有限责任公司，实施固始鸡产业化开发。目前，河南三高农牧股份有
限公司拥有国家肉鸡核心育种场 1 个，先后培育出三高青脚黄鸡 3 号和豫粉 1 号
蛋鸡两个新品种。近年来，该公司充分发挥地方资源优势，在大别山区利用山
坡、林地、荒滩建立天然养殖园区，进行标准化、规模化、集约化养殖固始鸡。
销售的固始鸡、固始鸡蛋双双获得国家"绿色食品"认证、"无公害农产品产地、
产品"认证、"地理标志产品"保护、"固始鸡证明商标"注册及"河南省著名商
标""河南省名牌农产品"称号，固始鸡、固始鸡蛋获得"国家生态原产地产品
保护证书"。

3. 保种措施

采用保种区和保种场保护。20 世纪 90 年代由河南三高农牧股份有限公司固
始鸡原种场和河南农业大学种鸡站承担保种任务，并划定了原种保护区，实行品
种登记制度，确保保种区内纯种繁育。

品种选育利用由河南三高农牧股份有限公司固始鸡原种场和河南农业大学种
鸡站同时进行，河南农业大学提供技术支持。自 1998 年起，公司和高校利用固
始当地的资源组建基础群，采用家系选择和家系内选择开展了系统选育工作，目
前已培育出多个各具特色的新品系，并审定了新品种，既保护了固始鸡原种，又
通过配套系提高了固始鸡的生产性能，实现了保护与利用的有机统一，为其他地
方鸡的保护利用提供了很好的典范。

八、评价与展望

1. 品种评估

固始鸡是一个经长期人工选择的优质地方鸡种质资源，是优良的兼用型品
种，具有耐粗饲、抗逆性强、肉蛋品质好、遗传性能稳定等特点，是具有较好
市场潜力的地方品种，当地政府和种禽企业对固始鸡的资源保护十分重视，目
前养殖已初具规模。河南三高农牧股份有限公司固始鸡原种场现有保种群原种
鸡约 5 万套，父母代约 50 万套，保种育成鸡约 20 万只，已建立了良种繁育体
系，培育出了高产系、快速系，并于 2013 年审定了新品种，年推广商品鸡苗
约 6000 万只。

2. 展望

由于固始鸡受到当地政府和畜牧部门的重视和保护，同时得到了河南农业大学有力的技术支持，固始鸡养殖已走上产业化的良性发展轨道，近年来饲养量大幅增长。随着城乡居民膳食结构的调整，固始鸡因其外观秀丽、青嘴、青脚、肉汤鲜，加之采取天然饲喂方式，生产出的固始鸡鸡蛋和活鸡属绿色食品，故产品市价高，市场竞争力强。特别是近几年来土鸡的悄然兴起，更使固始鸡备受欢迎，在华东、华中、西南等各地市场都出现供不应求的局面，促使广大农民积极发展固始鸡养殖。

参 考 文 献

曹向阳，康相涛，田亚东，等. 2010. 长期饲喂高纤维饲粮对固始鸡血清生化指标、屠宰性能和肉品质的影响 [J]. 江苏农业科学，（6）：301-305.

陈国宏. 2004. 中国禽类遗传资源 [M]. 上海：上海科学技术出版社.

邓雪娟. 2005. 固始鸡不同品系及部分外来鸡种之间遗传多样性的微卫星 [D]. 郑州：河南农业大学硕士学位论文.

国家畜禽遗传资源委员会. 2011. 中国畜禽遗传资源志：家禽志 [M]. 北京：中国农业出版社.

蒋可人，张蒙，李东华，等. 2017. 不同周龄固始鸡肉质特性比较分析 [J]. 中国家禽，39（1）：15-19.

康相涛. 2001. 河南省地方禽种的保护及发展 [J]. 中国家禽，23：7-8.

康相涛，邓雪娟，孙桂荣，等. 2007. 微卫星标记与固始鸡及部分外来鸡种体型性状及屠体性状的相关分析 [J]. 中国畜牧杂志，43（17）：1-5.

康相涛，田亚东，竹学军. 2002. 5～8 周龄固始鸡能量和蛋白质需要量的研究 [J]. 中国畜牧杂志，38（5）：3-6.

李国喜，康相涛，韩瑞丽，等. 2006a. 固始鸡孵化期间蛋黄胆固醇、粗脂肪和锌含量分析 [J]. 湖北农业科学，45（4）：497-499.

李国喜，宋素芳，康相涛，等. 2006b. 商品代固始鸡在放牧饲养条件下生长发育规律的研究 [J]. 中国畜牧杂志，42（23）：59-61.

李国喜，孙桂荣，王乐乐，等. 2012. 固始鸡 1 日龄和 36 周龄下丘脑高丰度差异性 miRNA 的鉴定及功能预测分析 [J]. 中国生物化学与分子生物学报，28（1）：1040-1048.

李国喜，田亚东，康相涛，等. 2006c. 山地放养条件下补饲不同日粮对固始鸡肉质性能的影响 [J]. 江苏农业科学，（5）：102-104.

刘永成. 2000. 固始鸡选育研究及其开发利用 [J]. 农业科技通讯，3：19.

牛岩. 2008. 河南省地方鸡遗传资源调查及种质特性比较研究［D］. 郑州：河南农业大学硕士学位论文.

锐峰，王存芝. 2007. 固始鸡的品种资源优势及其发展对策［J］. 牧业论坛，28（1）：4-6.

石建州，康相涛，孙桂荣. 2006. 不同饲养方式对固始鸡蛋品质的影响研究［J］. 广东农业科学，（2）：69.

宋素芳，康相涛. 2003. 固始鸡 G2 系母鸡 8、18 周龄体重与开产体重的相关性分析［J］. 中国家禽，25（13）：10-11.

孙桂荣，康相涛，李国喜，等. 2006a. 不同饲养方式对固始鸡生产性能的影响［J］. 华北农学报，21（4）：118-122.

孙桂荣，康相涛，石建州，等. 2006b. 固始鸡生理性状与体型参数的典型相关分析［J］. 中国家禽，28（24）：61.

孙桂荣，田亚东，康相涛，等. 2007. 微卫星标记与商品代固始鸡体型参数和屠体性状的关联性分析［J］. 西北农林科技大学学报：自然科学版，35：49-54.

田亚东，康相涛. 2004. 9～12 周龄固始鸡的能量和蛋白质需要量研究［J］. 中国家禽，8（1）：145-148.

王明发，李万利，王浩宇，等. 2016. 饲料中添加不同锌源及锌水平对固始鸡和 AA 肉鸡免疫功能的影响研究［J］. 畜牧与兽医，48（1）：25-33.

王明发，田亚东，钟翔，等. 2012. 饲粮中不同锌源及锌水平对固始鸡和 AA 肉鸡肝脏金属硫蛋白含量及基因表达的影响［J］. 南京农业大学学报，35（6）：111-117.

王志祥，马秋刚，关舒，等. 2005. 地方鸡种固始鸡与快大型肉鸡肉质性状的比较研究［J］. 中国农业大学学报，10（3）：48-51.

吴信生，陈国宏，陈宽维，等. 1998. 中国地方鸡种肌肉组织学特点及其肉品质的比较研究［J］. 江苏农学院学报，19（4）：52-58.

钟常松. 2014. 河南省固始鸡产业发展中的问题及对策研究［D］. 重庆：西南大学硕士学位论文.

邹强，尹超琼，陈垅，等. 2017. 不同养殖模式对固始鸡肉质特性的影响研究［J］. 中国家禽，39（8）：36-39.

《中国畜禽遗传资源状况》编写委员会. 2004. 中国畜禽遗传资源状况［M］. 北京：中国农业出版社.

Gu Y, Li S, Wang J, et al. 2007. Effects of boron poisoning on thymus development in Gushi chickens[J]. Indian Veterinary Journal, 84 (6) : 584-586.

Han R, Lan X, Zhang L, et al. 2010. A novel single nucleotide polymorphism of the visfatin gene and its associations with performance traits in the chicken[J]. Journal of Applied Genetics, 51 (1): 59-65.

Hou X, Han R, Tian Y, et al. 2013. Cloning of *TPO* gene and associations of polymorphisms with chicken growth and carcass traits[J]. Molecular Biology Reports, 40 (4) : 3437-3443.

Li H, Sun G, Tian Y, et al. 2013. microRNAs-1614-3p gene seed region polymorphisms and association analysis with chicken production traits[J]. Journal of Applied Genetics, 54 (2): 209-213.

Wang Y, Li Z, Han R, et al. 2017. Promoter analysis and tissue expression of the chicken *ASB15* gene[J]. British Poultry Science, 58 (1): 26-31.

调查人：吴海港、韩瑞丽、刘锦妮、赵金辉
当地畜牧工作人员：魏锟
主要审稿人：赵云焕

第十五章

淮 南 麻 鸭

淮南麻鸭是河南省优良地方家禽品种，其中心产区在淮河以南的光山、商城、罗山、平桥、固始、新县等地。淮南麻鸭体形中等、耐粗饲、生长快、屠宰率高、繁殖性能较好，属蛋肉兼用型品种，适于放牧，也可圈养。

淮南麻鸭养殖已初具规模优势，在光山、商城等地发展迅速。目前，光山全县，商城东、北、西部乡镇，已初步形成淮南麻鸭养殖区域带。2015年信阳全市饲养淮南麻鸭2000多万只，其中光山饲养量为1000万只左右。2005年在光山建有光山麻鸭原种场，有淮南麻鸭原种鸭2万套。

一、一 般 情 况

1. 品种名称

淮南麻鸭因原产于信阳淮河以南、大别山以北的广大地区而得名，属麻鸭类，中等体形，蛋肉兼用，具有适应性强、抗逆性强、耐粗饲、早熟、繁殖力强、生长快等特点，1986年经《河南省地方优良畜禽品种》编委会正式命名为淮南麻鸭，并列入《河南省地方优良畜禽品种志》，是河南省重点保护的优良地方品种之一。

2. 中心产区和分布

淮南麻鸭主要分布于河南信阳的光山、商城、罗山、平桥、固始、新县等地，其中光山、商城的饲养量约占总饲养量的50%。此外，信阳周边地区的驻马店、湖北的孝感等地还有零星分布。目前光山现有保种群情况为淮南麻鸭2万套，繁殖方式以人工授精为主。

3. 产区的自然生态条件

信阳位于河南南部，地处北纬31°23′～32°37′、东经113°45′～115°55′，东接安徽，南连湖北，西与南阳地区为邻，北与驻马店地区相邻。地势由西向东逐渐倾斜。平均海拔为700 m，最高达1582 m。西有桐柏山，南有大别山；山区占 36.9%，丘陵占 38.5%，平原占 17%，低洼易涝区占 7.60%。市内河流水渠纵横，坑塘多，水利资源丰富，有明河、游河等 7 条大河向北汇入淮河。属于北亚热带气候，年均气温为 15～17℃，最低气温为 -11.2℃，相对湿度在80% 左右，年降水量为 1105.85 mm，年无霜期为 234 d。耕地中水田占 60%，农作物以水稻、小麦为主，其次为红薯、玉米、豆类、高粱、棉花、花生等，耕作制度主要为稻麦两熟。农副产品多，饲料丰富，稻麦收获后的茬地、水田、河湖、坑塘是良好的放鸭场所。水草、小鱼虾等都是鸭的好饲料，加之当地劳动人民千百年来的选择培育，积累了丰富的饲养管理经验，所以逐渐形成了这个优良鸭种。

二、品种来源及数量

1．品种来源

淮南麻鸭形成历史悠久，据信阳市《光山县志》记载，清朝乾隆年间就已经有关于淮南麻鸭养殖与加工的详细描述。信阳市的环境生态条件及养殖习惯是形成这一优良品种的主要因素。市内水田棋布，河塘纵横，水面辽阔，水生动植物饲料资源十分丰富，加之气候温和、四季分明、光照充足、雨量充沛，是水禽繁衍的理想场所。水稻收割后，大面积的水田和大量的稻田遗谷为发展养鸭生产提供了丰富的饲料。当地农民历来有放牧群鸭（棚鸭）的习惯和经验，将养鸭与水稻种植密切配合，实行鸭稻共生，充分利用天然饲料资源，并有效地防治了水稻虫害的发生。由于长期野外放牧，淮南麻鸭形成了其特有的体质健壮、结实紧凑、行动敏捷、善于潜水、抗逆性强、觅食力强等优良特性。

2．调查概况

本次调查从 2017 年 8 月初开始，历时两个月对淮南麻鸭进行了实地调查，调查步骤如下：①在学术刊物上检索有关淮南麻鸭的文献资料；②在光山县查得20 世纪 80 年代有关淮南麻鸭的调查资料及近 3 年的存栏量报表，确定调查的地点；③对淮南麻鸭的体尺数据进行测定，并拍摄照片；④针对 1991 年的普查结果，对淮南麻鸭的分布进行调查，并对淮南麻鸭产区重点调查。

3．群体数量

淮南麻鸭的饲养总数在 20 世纪 80 年代初为 140 万～150 万只，90 年代中期增加到 600 万只，90 年代后期受外来大型肉鸭品种的冲击，饲养量呈快速下降趋势，2005 年淮南麻鸭的饲养量约为 60 万只。近些年来，随着政府的政策扶持，淮南麻鸭的饲养量有所增加。2017 年，固始县淮南麻鸭的饲养量约为 150 万只，存栏 20 万只；光山县淮南麻鸭出栏量约为 200 万只，存栏 26.7 万只左右；商城县出栏量约为 1000 万只，存栏 135 万只左右；信阳地区淮南麻鸭 2017 年存栏量合计为 185 万只左右。

三、体形外貌

成年麻鸭体形中等，体躯呈狭长方形，尾上翘。头部大小中等，眼睛突出，多数个体眼睛处有深褐色眉纹。成年公鸭的颈羽为墨绿色，羽毛有明显光泽，尾部有 2～3 根黑色、上翘、卷曲的性羽（图 15.1）。部分母鸭有颈羽，颜色稍浅（图 15.2），雏鸭头部清秀，颈部细长。

图 15.1 淮南麻鸭公鸭
（调查组拍摄）

扫码见彩图

图 15.2 淮南麻鸭母鸭
（调查组拍摄）

扫码见彩图

雏鸭绒毛颜色为浅黄、灰花、黑黄、淡黄、白褐、黑褐、灰褐色。公鸭黑头，白颈圈，背部羽毛为褐或花色，颈羽和尾羽为黑色，白胸腹，部分个体全身呈褐麻色。母鸭羽毛多呈褐麻色，翅尖和翅膀内侧的羽毛呈灰白色。

雏鸭胫部为橘红色，蹼趾为橘红色；成年公母鸭喙呈青黄色、喙豆灰色，跖蹼呈黄红色。公母淮南麻鸭的皮肤颜色多为粉白色，肉呈红色。

四、体尺、体重

2010 年在信阳光山、商城等主要分布点，选择正常饲养条件下的 72 只成年鸭（公鸭 130 日龄，母鸭 340 日龄），其中公鸭 20 只、母鸭 52 只，进行体尺、体重测量，具体情况如下（表 15.1）。

表 15.1　不同年份淮南麻鸭成年鸭的体尺、体重测定结果比较

年份	性别	体重/kg	体斜长/cm	胸骨长/cm	胸深/cm	胸宽/cm	骨盆宽/cm	颈长/cm	跖长/cm
1980	公	1.44±0.24	19.7±1.90	10.9±0.60	6.80±0.60	5.30±0.60	6.20±0.50	20.50±1.80	5.30±0.40
	母	1.38±0.28	18.7±1.10	10.4±0.71	6.40±0.60	4.80±0.88	6.50±0.52	19.30±2.06	4.95±0.49
2010	公	1.685±0.865	24.85±0.82	8.24±0.675	7.03±1.005	6.43±0.195	6.74±0.495	21.9±0.425	5.9±0.425
	母	1.35±1.52	21.2±1.08	6.94±0.55	7.10±0.73	6.52±0.22	7.21±1.04	20.57±0.41	5.57±0.41

资料来源：1980 年的数据来源于《河南省地方优良畜禽品种志》编辑委员会（1986）；2010 年的数据来源于范佳英等（2010）

五、生产与繁殖性能

1. 肉用性能

淮南麻鸭早期生长情况见表 15.2。

表 15.2　淮南麻鸭的早期生长情况

年份	平均体重 /g			
	初生重	30 日龄	70 日龄	90 日龄
1980	41.86±3.87	234±38	985±150	1432±195
2008	46.67±5.92	300±124	1051.55±235	1480±297

资料来源：1980 年的数据来源于《河南省地方优良畜禽品种志》编辑委员会（1986）；2008 年的数据来源于李建柱（2008）

2014 年，李建柱等（2015a，2015b）以淮南麻鸭为材料，开展了屠宰和产肉性能测定试验，屠宰测定的统计结果如下（表 15.3）。

表 15.3　不同年份淮南麻鸭的产肉性能测定结果比较

项目	1980 年		2014 年	
	公	母	公	母
活重 /kg	1.57±0.38	1.40±0.13	1.73±0.23	1.56±0.11
胴体重 /kg	1.44±0.21	1.26±0.18	1.53±0.17	1.36±0.22
屠宰率 /%	91.72±0.58	90.38±0.72	88.44±0.65	87.18±0.33

续表

项目	1980 年		2014 年	
	公	母	公	母
半净膛重 /kg	1.38±0.20	1.16±0.13	1.44±0.18	1.34±0.20
全净膛重 /kg	1.13±0.18	1.02±0.13	1.26±0.48	1.12±0.17
半净膛率 /%	87.64±0.35	83.14±0.56	83.24±1.97	85.90±1.13
全净膛率 /%	71.72±0.69	72.86±0.34	72.83±1.43	71.79±1.07

资料来源：1980 年的数据来源于《河南省地方优良畜禽品种志》编辑委员会（1986）；2014 年的数据来源于李建柱等（2015a，2015b）

淮南麻鸭的肉品质：淮南麻鸭具有皮薄、骨细、肉嫩、味美的特点。据测定（李建柱，2008），淮南麻鸭胸肉中含蛋白质 23.39%、肌内脂肪 2.74%；与樱桃谷鸭相比，蛋白质高出 8 个百分点，肌内脂肪低 19 个百分点；富含多种维生素、矿物质、微量元素，营养丰富。

2. 蛋品质量

在饲喂原粮、放牧饲养条件下，淮南麻鸭 6 月龄性成熟，每年春、秋两季为产蛋期，全年产蛋期为 7 个月，产蛋 135 枚，其中春季产蛋占全年的 60%～70%，平均蛋重为 61 g；在全价料及专业饲养管理条件下，淮南麻鸭的性成熟与开产日龄提前 25～30 d，全年产蛋期延长 1 个月左右，产蛋 178 枚，平均蛋重为 63 g（表 15.4）。

表 15.4 不同饲养条件下淮南麻鸭的产蛋性能测定结果比较

饲养条件	开产体重 /kg	开产日龄 /d	平均蛋重 /g	高峰产蛋率 /%	产蛋时间 /d	产蛋数 / 枚
饲喂原粮＋放牧条件	1.3～1.5	140～150	61	70	210	135
全价料＋专业饲养管理	1.2～1.4	115～120	63	90	240	178

资料来源：赵云焕等（2006a，2006b）

淮南麻鸭的蛋壳颜色常见的有白色和青色，据黄炎坤等（2007）测定 61 枚淮南麻鸭鸭蛋，其中白壳蛋占 95.16%，白壳鸭蛋的平均蛋重为 62.46 g，蛋壳平均重量为 6.99 g，蛋壳重占蛋重的比例为 11.20%，平均蛋壳厚度为 0.313 mm，钝端蛋壳厚 0.308 mm，中间蛋壳厚 0.321 mm，锐端蛋壳厚 0.310 mm；青壳鸭蛋的平均蛋重为 63.43 g，蛋壳平均重量为 7.02 g，蛋壳重占蛋重的比例为 11.06%，平均蛋壳厚度为 0.301 mm，钝端蛋壳厚 0.296 mm，中间蛋壳厚 0.304 mm，锐端蛋壳厚 0.302 mm。

3. 繁殖性能

淮南麻鸭性成熟较早，最早在 110 d 左右即可开产，公鸭的性成熟日龄为 100 d，公、母鸭配种比例在 1∶20 以上；在当地饲养条件下，每百只母鸭配 3 只公鸭，受精率可达 95%，受精蛋孵化率为 90%～95%。就巢性差，因公鸭喜爱带领母鸭四处游弋，不易于管理，所以作为商品蛋用时饲养户一般不养公鸭。种鸭或蛋鸭的利用年限，母鸭一般为 2～3 年，公鸭一般为 1 年。

在传统饲养管理条件下，种蛋受精率为 87.9%，受精蛋孵化率为 86.5%；在专业饲养管理条件下，种蛋受精率为 90%，受精蛋孵化率为 89%，健雏率为 96%，出生雏体重均匀，差异很小。

六、饲 养 管 理

1. 小鸭的饲养管理

小鸭（1～50 日龄）出壳后 8 h 即开始喂料，出壳的第二天待脐带稍干，下水 10～30 min，促使体内胎粪排出；3 d 后，每天下水数小时；10 d 后，放鸭时间可增至 8～10 h。第一次开食，尽量让每只小鸭都能吃上。一般 3 日龄以内喂大米饭；从 4 日龄起喂粉碎煮熟的蚕豆、玉米或小麦，每天喂 4～5 次；15 日龄后，改为每天喂 3 次食；20 日龄开始饲喂颗粒饲料，先把饲料浸在水里 4～5 h，再煮破皮待凉了喂。许多地方群众有"放青苗"养小鸭的习惯，一般在栽秧后禾苗返青时，把小鸭放进谷田里觅食虫子和杂草，一直到稻谷扬花，都可利用稻田分批放养小鸭。有条件的地方给小鸭加喂适量虾、螺、蛆虫等动物性饲料。

小鸭管理要特别精细，两周前的小鸭，不能让太阳暴晒，也不能淋雨或受冷。为防止打堆取暖造成窒息、压伤或死亡，可把小鸭分成适当数量在筐内饲养。天冷注意保暖。经常注意观察鸭的健康状况，如果有一只或数只鸣叫，鸭群哄乱，说明可能患病，应立即采取防治措施。

2. 中鸭和成鸭的饲养

中鸭（51 日龄至开产前）和成鸭（开产后）每天喂两次，上午少喂，让鸭子在野外充分活动觅食，下午喂饱。中鸭阶段主要喂糠，以免过早性成熟，影响以后的蛋重和产蛋量；成鸭则以精饲料为主，辅以糠麸、菜叶，促使多产蛋。

为了使鸭子停产换羽一致，在较短时间内恢复产蛋，有的地方进行人工强制换羽，即在停产期将鸭关起来让其掉毛，饲料只喂平时的一半，经 7～9 d，羽毛很快脱落；然后逐步增加喂食，改善饲养管理，20～30 d 约有一半恢复产蛋；40 d

左右，产蛋鸭可达80%～90%。一般是让其自然换羽。

3. 肉鸭的饲养管理

制作腊鸭的淮南麻鸭，于100日龄左右开始进行人工催肥（填鸭）。肉鸭育肥饲料的比例为玉米面70%、麦麸30%，每天喂4次，每隔6 h喂一次，麻鸭每天的喂量约3两[①]。填鸭前摸嗉囊，检查有无食，如果有食就不再加喂，以免引起消化不良。在管理上，要大小分群饲养，鸭舍里放置水盆，供给充足饮水。垫草每天或隔天换一次，注意保持鸭舍安静。填肥期为9～12 d。

七、科 研 进 展

1. 研究工作

截至2017年12月，围绕淮南麻鸭开展的研究工作有：①淮南麻鸭分子遗传多样性及种群遗传特征分析；②淮南麻鸭肉蛋品质研究；③淮南麻鸭功能基因表达、分子标记的研究；④淮南麻鸭营养需要的研究；⑤淮南麻鸭饲养方式的研究；⑥淮南麻鸭生长发育规律的研究等。

2. 保种场建设

商城县豫南水禽原种场、光山县鸿源麻鸭集团（原光山县淮南麻鸭良种繁育场）是信阳市淮南麻鸭保种选育和良种繁育的重要基地，商城县豫南水禽原种场从20世纪80年代中期开始对淮南麻鸭进行提纯复壮及纯品种选育。淮南麻鸭于2004年1月获得国家质检总局颁发的原产地标记认证证书。淮南麻鸭繁育养殖基地建设项目投入180万元资金筹建的淮南麻鸭原种场，于2005年5月投入运行，该场占地44.9亩，配置有先进的孵化、饲养、饲料加工设备，引进了2万套淮南麻鸭原种鸭，全面投产后，每年可提供鸭苗400万只。

3. 保种措施

1）加大淮南麻鸭的保种选育研究。淮南麻鸭是一个古老的地方品种，分布区域广，多年未经过系统的选育，出现品种退化、杂化等品种不纯现象。为此，应尽快摸清淮南麻鸭的生物学特性和品质特征，为下一步的系统选育提供依据。通过开展品种资源保护和品种选育工作，不断提高种群的生产性能和整齐度，使

---

① 1两＝0.05 kg

淮南麻鸭体形、外貌整齐一致，遗传性能稳定。利用家系选育方法和表型选择技术，建立品系繁育体系，进行配套系杂交利用。

2）建立扩大生产基地。为适应畜牧业的快速发展，应合理规划区域布局，使地方品种选育和新品种引进同步健康发展，不断增强基地的辐射带动能力。继续在商城县、光山县建立稳固的淮南麻鸭保种选育和扩繁基地，扩大生产规模，制订详细的选育方案，各级财政部门加大投入力度进行保种选育和提纯复壮，防止良种退化。同时，与淮南麻鸭饲养相配套，推广高产配套新技术和种养结合新模式。

3）建立淮南麻鸭育种群、繁殖群、生产群3级繁育体系，加快该鸭种的推广。

4）成立麻鸭开发集团公司，育种、生产、加工、销售、服务等具体环节由企业来操作，走"公司＋基地＋农户"养殖模式，以市场为导向，经济效益为中心，把麻鸭产品的生产、加工、销售等各环节联结起来，解决好产、加、销过程中各环节的风险共担、利润共享问题。以食品加工企业为龙头，一头联结养殖场（户），建立生产基地，一头联结国内外市场。

八、评价与展望

1. 品种评估

淮南麻鸭为信阳古老品种、河南省优良鸭种，属麻鸭类，中等体形，蛋肉兼用，具有适应性强、抗逆性强、耐粗饲、宜放牧、早熟、繁殖力强、生长快等特点，在河南省内及大别山广大地区都可以饲养，并表现出较好的生产性能。但多年来由于缺乏系统的选育，再加上主产区引入多个蛋鸭和肉鸭品种，造成淮南麻鸭品种混杂、退化，体形、外貌不一致，群体整齐度差，生产性能下降，品种内个体间的生产性能差异明显，严重制约了该品种的推广。

2. 展望

随着人民生活水平的提高，人们对肉类的要求逐步向分部位、分品种、精加工型和绿色食品方向发展。特别是近几年，各地对绿色分割鸭肉的需求日益增加，分部位、精加工、小包装、方便卫生的安全肉食品备受青睐。淮南麻鸭的抗病力强、发病率低，饲料中无须添加药物，肉、蛋产品无或低残留，且鸭肉、蛋产品的营养特性为低脂肪、低胆固醇、高蛋白，符合消费者的需求。

近期，市场销售以活鸭、鲜蛋及初加工的鸭产品（板鸭、咸蛋、松花蛋）为主。鸭产品的初加工品种单一，附加值低。深加工能够增加产品品种，延长产品的保存期，增加产品的总销售量，有利于产品销售和稳定市场价格。因此从长远规划看，应进行鸭产品的深精加工，开发系列鸭产品，实现品种多元化，以满足市场对产品的不同需求。

淮南麻鸭是蛋肉兼用型品种，产蛋多，可加工成松花蛋、咸蛋、味蛋等，是我国传统的出口产品，深受国外消费者青睐，国内市场开发前景也十分广阔。淮南麻鸭的羽绒及制品也有很好的市场前景，羽绒是我国重要的外贸物资，我国出口的羽绒占国际贸易量的1/3，国内市场需求也十分巨大。

参 考 文 献

陈敏，张玲，曹维维，等．2013．日粮添加半胱胺对淮南麻鸭生长性能和血液中生长抑素水平的影响［J］．饲料博览，（12）：50-53．

范佳英，邓红雨，康相涛．2010．淮南麻鸭体重和体尺性状的测定与分析［J］．黑龙江畜牧兽医·科技版，（2）：46-47．

国家畜禽遗传资源委员会．2011．中国畜禽遗传资源志：家禽志［M］．北京：中国农业出版社．

何敏，张玲，陈敏，等．2014．日粮添加半胱胺对淮南麻鸭十二指肠发育的影响［J］．畜牧与兽医，（9）：50-53．

黄炎坤，刘健，范佳英，等．2007．淮南麻鸭与固始鹅蛋品物理性状的对比分析［J］．郑州牧业工程高等专科学校学报，27（3）：1-3．

李建柱．2008．淮南麻鸭消化器官发育及其与体重、体尺增长关系研究［D］．郑州：河南农业大学硕士学位论文．

李建柱，唐雪峰，赵聘，等．2010a．淮南麻鸭小肠生长发育规律研究［J］．河南农业科学，（6）：124-127．

李建柱，唐雪峰，赵云焕，等．2010b．不同生长模型估计淮南麻鸭早期体重的发育规律及遗传参数研究［J］．湖北农业科学，49（8）：1921-1923．

李建柱，唐雪峰，赵云焕，等．2015a．不同硒源对淮南麻鸭1～9周龄生长性能及免疫功能的影响［J］．饲料研究，（10）：35-39．

李建柱，唐雪峰，赵云焕，等．2015b．不同硒水平对淮南麻鸭生长性能及屠体性状的影响［J］．河南农业科学，（11）：133-136．

曲哲会，唐雪峰，赵聘，等．2014．淮南麻鸭 *IGF-I* 基因的克隆、序列分析及原核表达［J］．中国畜牧杂志，（1）：6-10．

唐雪峰，李建柱，赵聘，等．2010．淮南麻鸭生长发育规律及生长曲线拟合研究［J］．河南农业科学，（2）：105-107．

田亚东，康相涛．2007．河南省家禽种质资源的保护、开发与利用［J］．河南农业科学，（7）：100-104．

徐桂芳，陈宽维. 2003. 中国家禽地方品种资源图谱 [M]. 北京：中国农业出版社.

叶保国，张小辉，徐铁山. 2014. 北京鸭和淮南麻鸭胸肌发育过程 *TPM1* 和 *TPM3* 基因的表达变化研究 [J]. 黑龙江畜牧兽医，（19）：67-70.

张斌，胡建新，林琳，等. 2007. 淮南麻鸭品种资源调查与思考 [J]. 中国畜禽种业，3（3）：56.

张玲，陈敏，何敏，等. 2014. 日粮添加半胱胺对淮南麻鸭生产性能和血液中生长抑素水平的影响 [J]. 饲料研究，（11）：59-61.

赵聘，李建柱，曲哲会，等. 2014. 刘纪成. 淮南麻鸭 *IGF-I* 基因单核苷酸多态性及其与生长性能关系研究 [J]. 信阳农业高等专科学校学报，（2）：99-103，106.

赵云焕，刘纪成，赵聘，等. 2006a. 淮南麻鸭产业化开发研究 [J]. 信阳农业高等专科学校学报，16（3）：111-113.

赵云焕，赵聘. 2007a. 淮南麻鸭本品种选育方案 [J]. 水禽世界，4：46-48.

赵云焕，赵聘. 2007b. 淮南麻鸭本品种选育实施方案研究 [J]. 安徽农业科学，35（12）：3548-3549.

赵云焕，赵聘，程丰，等. 2006b. 论淮南麻鸭的品种利用与产业化开发 [J]. 安徽农业科学，34（8）：1597-1598.

《河南省地方优良畜禽品种志》编辑委员会. 1986. 河南省地方优良畜禽品种志 [M]. 郑州：河南科学技术出版社.

《中国畜禽遗传资源状况》编写委员会. 2004. 中国畜禽遗传资源状况 [M]. 北京：中国农业出版社.

《中国家禽品种志》编写组. 1989. 中国家禽品种志 [M]. 上海：上海科学技术出版社.

调查人：吴海港、韩瑞丽
当地畜牧工作人员：魏锟
主要审稿人：赵云焕

第十六章　麻城绿壳蛋鸡

麻城绿壳蛋鸡（Macheng blue-shell chicken）是大别山自然形成的以产绿壳蛋为特点的地方优良鸡种，又因其主要产于湖北麻城市广大农村，故定名为麻城绿壳蛋鸡。其原产于湖北省麻城市，主要分布于麻城市及周边的大别山地区的山区乡村，中心产区集中在麻城市的顺河集镇、乘马岗镇、福田河镇、三河口镇、龟山镇和木子店镇6个乡镇。

麻城绿壳蛋鸡具有耐粗饲、适宜野外散养、产蛋性能适中、蛋色翠绿鲜亮、蛋白浓稠、蛋黄呈金黄色、蛋黄大、鸡蛋口感好、风味好等优点。麻城绿壳蛋鸡体形较小，羽毛紧凑，外貌清秀，性情活泼，善于觅食，胆小易受惊吓，蹠部无羽毛附生，喙、胫的颜色有青色（占82%）和黄色（占18%）两种。麻城绿壳蛋鸡公鸡和母鸡的成年体重分别为（1375.33±121.80）g 和（1086.37±125.37）g，体斜长分别为（13.83±1.04）cm 和（12.32±0.53）cm，盆骨宽分别为（8.76±0.40）cm 和（5.21±0.48）cm，胫长分别为（9.94±0.35）cm 和（7.81±0.44）cm，胫围分别为（3.87±0.18）cm 和（3.25±0.30）cm。

2010年麻城全市麻城绿壳蛋鸡存笼9万多只，占全市鸡存笼（943万只）的1%左右。2017年调查显示，共存栏麻城绿壳蛋鸡12万只。麻城绿壳蛋鸡是比较珍贵的蛋用型鸡遗传资源，有较为重要的蛋用经济价值，应加强时该品种的保种和选育提高，以保护大别山地区家禽资源的遗传多样性。

一、一般情况

1. 品种名称

麻城绿壳蛋鸡是湖北省新发现产绿壳鸡蛋的蛋用型鸡遗传资源，原产于湖北省麻城市，因产地而得名。

2. 中心产区和分布

麻城绿壳蛋鸡主要分布于麻城市及周边的鄂豫皖三省交界的大别山地区的山区乡村，中心产区集中在麻城市的顺河集镇（存笼1.3万多只）、乘马岗镇（存笼1.2万多只）、福田河镇（存笼0.8万多只）、三河口镇（存笼1.2万多只）、龟山镇（存笼 0.4 万多只）和木子店镇（存笼 0.5 万多只）6 个乡镇，共计存笼 5.4 万多只，占全市麻城绿壳蛋鸡存笼的 45% 以上。此外，大别山地区周边安徽省的金寨县，河南省的新县、光山县，以及湖北省大别山地区的红安县、大悟县、新洲区、罗田县、英山县、团风县等地还有零星分布。

3. 产区的自然生态条件

麻城市位于鄂东北部，大别山南麓中段，鄂豫皖三省七县交界处，属低山丘陵农区，市内地形地貌多姿多彩，平原、丘陵、山区兼有，分别占总面积的 50%、30% 和 20%；市内西、北、东三面环山，中间为丘陵起伏的盆地；地跨东经 114°31′～115°31′、北纬 30°52′～31°37′；海拔平均为 128 m（25～1337 m）。

麻城全市总面积为 36.045 万 hm²，其中耕地 7.84 万 hm²，占总面积的 21.75%；林地面积为 14.30 万 hm²，占 39.67%；水域 1.79 万 hm²，占 4.97%；滩涂 0.28 万 hm²，占 0.78%；裸岩 0.13 万 hm²，占 0.36%。

麻城属亚热带大陆性季风气候，具有南温带和北亚热带过渡的气候特点。极端最高气温为 41.5℃（1959 年 8 月 23 日），极端最低气温为 -15.3℃（1977 年 1 月 30 日），年平均气温为 16℃；年平均日照时数为 1600～2513.1 h，年平均降水量为 1100～1688 mm，年无霜期为 238 d（11 月 16 日～3 月 12 日）。雨季为 5～9 月，历年平均降水量为 1100～1688 mm；秋冬两季主导风各为偏北风，春夏两季主导风各为偏东风。光能充足，降水量充沛，四季分明。

麻城市内河流密布，地表水、地下水储量 20 多亿 m³，1580 余条大小河流汇成纵贯南北的举水、巴水水系，以龟峰山为分水岭，一西一东分别流注长江。麻城建有浮桥河水库、三河水库、明山水库 3 座大型水库，中、小型水库 249 座，此外还有数百座塘坝，适合养殖各种水产品。

麻城市内已探明的地下矿藏有铁矿、铜矿、花岗石矿、大理石矿等，还有金、银、磁铁等矿，其中玄武岩、大理石、硅、玉等矿储量很大，饰面花岗石储量达 5 亿 m³。

主产区内的土质主要有黄壤土、红壤土、紫壤土和砂壤土等。其中，中低山地大部分为黄壤土，山地为黄棕壤时，土层较厚，石砾含量较高，透水、透气性能良好，肥力较高，有利于木、茶、桑和药材的生长。丘陵地带多为红壤和紫壤土，质地黏重，酸性，肥力很差，但光热条件好，适宜栎松、油茶等的生长。山麓盆地与平原谷地多砂壤土，溪河两岸多冲积土，适于农业耕作。

麻城全市草场面积为 1.32×10^5 hm²，大部分为二级草场，亩产鲜草 412～943 kg，牧草和灌木品种主要有杜鹃、胡枝子、白茅、黄背草、狗牙根、马唐等。农作物主要有水稻、麦类、棉花、油菜、花生、大豆、甘薯、玉米等。

生产情况：2010 年粮食总产量为 50.16 万 t，棉花产量为 7943 t，油料产量为 57 208 t；其中夏粮 5.5 万 t，稻谷 44.66 万 t，秋收杂粮 1.59 万 t；油菜 3.51 万 t，花生 1.86 万 t。农作物秸秆资源丰富，农作物秸秆有 6 亿多千克。玉米播种面积 22 hm²、总产量为 67 t，大麦 980 hm²、514 t，高粱 30 hm²、30 t，红苕 2542 hm²、9814 t；皇竹草、串叶松香草、白三叶、黑麦草、苇状羊茅等优良牧草年人工种草面积为 1.5 万多亩。麻城全市有乔灌木树种 61 科 299 种，草类植物 65 科 230 种，大宗药材 140 多种，可分别供开发利用做高档家具，用于畜牧产业、医药产业，以及开发葛粉、香菇、菱藕等无公害食品。

麻城市地处鄂豫皖三省交界的大别山南麓中段，具有四季分明、气候温和、日照充足、雨量适中等气候特点；中心产区麻城市市内山冈、丘陵甚多，四季常青，阳光充沛。此外，还有大量山泉河川、塘堰，盛产鱼、虾、螺、蚌之类，天然食饵丰富，为养鸡提供了丰富的动物蛋白饲料和良好的自然条件。

二、品种来源及数量

1. 品种来源

麻城绿壳蛋鸡在麻城有着悠久的饲养历史。《麻城县志》（康熙九年，1670 年）的物产篇就记载当地居民有饲养本地土鸡的习俗。绿壳蛋是当地居民最喜爱的保健食品，据当地的古稀老人回忆，其祖辈饲养的本地土鸡和现在麻城绿壳蛋鸡的外貌特征相同，当地人有养麻城绿壳蛋鸡和爱吃绿壳鸡蛋的习俗。长期以来，农村绝大部分采用老母鸡抱窝自繁自孵的方式，选择产绿壳蛋的母鸡留种，产绿壳蛋的比例逐步上升，以此把这一地方资源优良特性保留下来。

麻城绿壳蛋鸡的主产区是麻城市，位于湖北省东北部的鄂豫皖三省交界的大别山南麓中段。麻城绿壳蛋鸡的中心产区为麻城市的顺河集镇、乘马岗镇、福田河镇、三河口镇、龟山镇和木子店镇 6 个乡镇山区乡村。由于当地山区非常偏僻，交通相当不便，麻城绿壳蛋鸡几乎没有受到外来品种的杂化影响。山区乡村农户多散居，宅旁四周多树林、竹园、茶园、鱼塘塘基等自然生态环境，鸡群觅食条件好，鸡群可充分取食动物性饲料和青绿饲料；产地气候温和，主产水稻、小麦、大麦、花生等农作物，农作物产量高；群众素有用剩饭剩菜，大、小麦，稻谷补饲鸡群的习惯，为形成独特的地方鸡品种资源提供了良好的自然条件。而且麻鸡产绿壳蛋多，农家历来有饲养其的习惯，因此该鸡种在当地得以保存。

麻城当地的乡俗也对麻城绿壳蛋鸡的选种和种群数量的维持起了很大的作用。由于绿壳蛋蛋白透明、口感弹性细腻、富含丰富的营养物质，被认为是当地最好的蛋白质营养品。在麻城民间，当地农民普遍认为绿壳鸡蛋具有治疗头晕病的作用，而且有产妇哺乳期、儿童周岁"抓周"、生小孩送礼用绿壳土鸡蛋的习俗。民间认为绿壳鸡蛋不同于一般的鸡蛋，因此农民对绿壳鸡蛋尤其喜爱。民间传统的养鸡农户中，也以自家饲养的鸡产绿壳蛋多、产绿壳蛋比例高而自豪。麻城绿壳蛋鸡肉对于高血压、冠心病、乳腺增生，以及儿童厌食、异食、免疫力低下等多种疾病具有一定的食疗作用，深受消费者青睐，十分畅销。亲朋之间往往相互串换绿壳蛋鸡和换绿壳蛋以作种用，促使产绿壳蛋的鸡群不断发展。因此，独特的饮食习惯和风俗对麻城绿壳蛋鸡资源的保护和发展起到了重要的推动作用。

改革开放以来，随着良种鸡的引进饲养，人们普遍认为绿壳土鸡蛋的味道明显优于"洋种"鸡蛋，消费者喜欢购买绿壳鸡蛋，使绿壳鸡蛋价格一般高于"洋鸡蛋"一倍左右。此外，绿壳鸡蛋作为土鸡蛋的天然代表，更加受到现代消费者的青睐，在市场上价高、销俏。京九铁路开通以后，当地不少人专门从事绿壳鸡蛋的经营，以高出一般土鸡蛋 20% 左右的价格收购绿壳鸡蛋，包装后销往北京、武汉、广州等大城市。

由于民间对绿壳鸡蛋的偏爱和近 30 年来消费市场的导向，广大农民积极发展绿壳蛋鸡，专门选择绿壳鸡蛋来孵化饲养，使麻城绿壳蛋鸡的种群得到不断扩大，这两大因素是麻城绿壳蛋鸡形成的主要原因，对该品种的形成和发展起到了巨大的推动作用。

麻城当地绿壳蛋鸡品种 2002 年经湖北省畜禽品种审定委员会审核被确定为"麻城绿壳蛋鸡"，首次载入《湖北省家畜家禽品种志》（2004 版），并列入《湖北省省级畜禽遗传资源保护名录》。

2. 调查概况

本次调查在麻城市绿壳蛋鸡的中心产区进行，在麻城市的顺河集镇、乘马岗镇、福田河镇、三河口镇、龟山镇和木子店镇 6 个乡镇进行实地调查，调查内容如下：①在学术刊物上检索有关麻城绿壳蛋鸡的文献资料等；②在麻城绿壳蛋鸡的主产地对麻城绿壳蛋鸡的中心产区分布、品种来源、数量规模变化及近 15～20 年的消长形势进行调查；③按公母分别对雏禽和成年禽的羽色、肉色、喙色、肤色、体形特征、头部特征等进行调查，对成年麻城绿壳蛋鸡的体尺、体重进行测定；④对麻城绿壳蛋鸡的产肉性能进行测定；⑤对麻城绿壳蛋鸡的蛋品质量进行测定；⑥对麻城绿壳蛋鸡的繁殖性能进行调查和观测；⑦对麻城绿壳蛋鸡的遗传资源调查结果进行全面分析。

3. 群体数量

截至 2017 年，麻城绿壳蛋鸡在麻城市的顺河集镇存笼 1.3 万多只、乘马岗镇存笼 1.2 万多只、福田河镇存笼 0.8 万多只、三河口镇存笼 1.2 万多只、龟山镇存笼 0.4 万多只、木子店镇存笼 0.5 万多只，共计存笼 5.4 万多只，占全市麻城绿壳蛋鸡存笼量的 45% 以上。目前，全湖北省麻城绿壳蛋鸡的存栏数达 12 万只左右。

三、体形外貌

麻城绿壳蛋鸡体形较小，羽毛紧凑，外貌清秀，性情活泼，善于觅食，胆小易受惊吓，蹠部无羽毛附生，喙、胫的颜色有青色（占 82%）和黄色（占 18%）两种。

1. 成年禽和雏禽的羽色及羽毛的重要遗传特征

（1）公鸡

羽毛呈火红色或金黄色，主翼羽和尾羽呈黑色，蓑羽呈棕红色或金黄色，镰羽多带黑色而富青铜光泽。

（2）母鸡

羽毛为黄麻色（占 36%）、黑麻色（占 26%）、草黄色（占 20%），个别呈黑色、芦花羽色或白色等（约占 18%）。有黑色斑点，羽面的底色分黄、褐、棕三色，形成黄麻、褐麻、棕麻三种羽色，以麻黄色为主。颈羽呈黄色或麻黄色，鞍羽呈黄色，背羽、肩羽、翼羽呈黄色或黄麻色，胸羽呈浅黄色，腹羽呈浅黄色，尾羽呈黄麻黑色。

（3）雏鸡

浅黄色（两周后逐渐转为黄色）或麻黄色绒毛。

2. 肉色、胫色、喙色及肤色

麻城绿壳蛋鸡的鸡肉为浅红色，皮肤为白色；胫细，以青色为主，少数呈黄色，四趾；喙、胫的颜色有青色和黄色两种。

3. 外貌描述

（1）体形特征

公鸡：体质结实灵活，呈马鞍形，胸深且略向前突，姿势雄伟而健壮。体羽紧密，尾羽上翘，腿细长。

母鸡：体躯清秀，呈楔形，前躯紧凑，后躯圆大。

（2）头部特征

公鸡：头颈清秀细长，长短适中。单冠直立，极少数呈豆冠，颜色鲜红，有

5～7个冠齿。肉垂鲜红，耳叶为红色或者红中带白斑，无胡须，喙粗短而稍弯曲（图16.1左）。

母鸡：头细小，单冠直立，极少数呈豆冠，冠小，有5～7个冠齿，少数凤头。冠、耳垂均为鲜红色，颈部长短适中（图16.1右）。

图16.1　麻城绿壳蛋鸡公鸡（左）和麻城绿壳蛋鸡母鸡（右）

（调查组拍摄）

扫码见彩图

四、体尺、体重

随机抽取60只300日龄的成年公鸡和91只300日龄的成年母鸡进行测定，其体尺、体重测定结果详见表16.1。

表16.1　麻城绿壳蛋鸡成年鸡的体尺、体重

项目	数据格式	性别	
		公	母
只数	n	60	91
体重/g	$\overline{X}\pm S$	1375.33±121.80	1086.37±125.37
体斜长/cm	$\overline{X}\pm S$	13.83±1.04	12.32±0.53
龙骨长/cm	$\overline{X}\pm S$	10.96±0.45	9.80±0.60
盆骨宽/cm	$\overline{X}\pm S$	8.76±0.40	5.21±0.48

续表

项目	数据格式	性别	
		公	母
胫长 /cm	$\bar{X}\pm S$	9.94±0.35	7.81±0.44
胫围 /cm	$\bar{X}\pm S$	3.87±0.18	3.25±0.30

注：测定时间为 2011 年 9 月，采样地点为湖北省麻城市麻城绿壳蛋鸡原种场、顺河集镇和三河口镇，测定单位为湖北省农业科学院畜牧兽医研究所

五、生产与繁殖性能

1. 生产性能

麻城绿壳蛋鸡由于长期习惯放牧饲养，觅食力强，农家饲养除早晚喂少量农副产品饲料外，其余均以放牧觅食为主，故单位增重饲料消耗相对少。但在散放饲养、低蛋白水平饲养条件下，生长速度较慢，13 周龄公鸡活重为（863±120）g，母鸡活重为（715±125）g。一般要在 300 日龄才能达到肉鸡上市标准（1050～1400 g）。麻城绿壳蛋鸡各周龄的体重见表 16.2。

表 16.2 麻城绿壳蛋鸡各周龄的体重 （单位：g）

年龄	公鸡体重	母鸡体重
0 周龄	32.5±3.5	32.5±3.5
1 周龄	54.2±5.8	50.1±6.0
2 周龄	82.6±9.8	74.6±9.5
3 周龄	121.1±14	106.1±14.5
4 周龄	163.6±24.5	151.6±24.4
5 周龄	219.6±43	200.6±42.4
6 周龄	282.1±50	253.1±48.2
7 周龄	353.1±55	309.1±54
8 周龄	433±65	368.5±62.5
9 周龄	521.4±75	431.4±72.5
10 周龄	616.9±80	497.9±80

年龄	公鸡体重	母鸡体重
11 周龄	704.2±98	568±97
12 周龄	785.5±110	638±112
13 周龄	863±120	715±125
300 日龄	1375.33±121.80	1086.37±125.37

资料来源：表中数据由湖北省农业科学院畜牧兽医研究所李晓锋研究员提供

2. 屠宰性能

麻城绿壳蛋鸡育肥性能好，屠宰率高，可食部分比例大。测定 30 只青年母鸡、30 只青年公鸡的屠宰率为：未经育肥的 300 日龄青年母鸡的屠宰率为 92%，半净膛率平均为 66.2%，全净膛率平均为 53.4%；未经育肥的 300 日龄青年公鸡屠宰率为 92%，半净膛率为 81.9%，全净膛率为 68.5%。麻城绿壳蛋鸡不同周龄公鸡和母鸡的屠宰性能指标分别见表 16.3、表 16.4。

表 16.3　麻城绿壳蛋鸡不同周龄公鸡的屠宰性状指标

项目	8 周龄	13 周龄	300 日龄
活体重 /g	464.4	820.0	1307.6
胴体重 /g	418.0	738.0	1203.0
屠宰率 /%	90.0	91.0	92.0
半净膛重 /g	366.5	619.5	1071.5
全净膛重 /g	233.8	489.5	896.0
腿肌重 /g	37.4	126.0	254.4
胸肌重 /g	42.1	82.0	46.4
腹脂重 /g	3.6	8.9	12.6

注：麻城绿壳蛋鸡屠宰实验由麻城市畜牧局和华中农业大学联合完成，数据由麻城市畜牧局提供

表 16.4　麻城绿壳蛋鸡不同周龄母鸡的屠宰性状指标

项目	8 周龄	13 周龄	300 日龄
活体重 /g	402.0	801.2	1160.0
胴体重 /g	360.0	729.0	1067.2
屠宰率 /%	90.0	91.0	92.0
半净膛重 /g	300.0	513.6	768.4
全净膛重 /g	201.6	415.4	618.9

续表

项目	8 周龄	13 周龄	300 日龄
腿肌重 /g	34.2	135.9	213.4
胸肌重 /g	36.3	128.4	192.1
腹脂重 /g	8.6	20.0	36.0

注：麻城绿壳蛋鸡屠宰实验由麻城市畜牧局和华中农业大学联合完成，数据由麻城市畜牧局提供

3. 繁殖性能

（1）产蛋性能

麻城市畜牧局对 18 户饲养的 172 只母鸡产蛋性能进行测定，结果显示每只绿壳蛋鸡的年平均产蛋量为 142.6 枚，最高个体产蛋量为 176 枚，最低为 110 枚。2010 年麻城绿壳蛋鸡原种场对 1368 只母鸡的产蛋情况进行了观察统计，结果显示母鸡年平均产蛋量为 140.2 枚，最高个体产蛋量为 171 枚，最低为 113 枚；初产蛋重为 38.9 g，300 d 平均蛋重为（40.51±4.02）g。具体产蛋情况见表 16.5（说明：麻城市畜牧局种鸡场共统计测定了 66 周的产蛋记录）。

表 16.5　麻城绿壳蛋鸡的年产蛋量统计表

地点	母鸡数 / 只	总产蛋量 / 枚	每只母鸡年产蛋量 / 枚		
			平均	最高	最低
顺河集镇	172	24 527	142.6	176	110
麻城绿壳蛋鸡原种场	1368	191 794	140.2	171	113

（2）蛋品质量

根据华中农业大学与湖北省麻城市畜牧局在乘马岗镇落衣山村对 150 枚麻城绿壳蛋鸡所产鸡蛋的各项品质指标进行测定，结果显示最大蛋重为 56 g，最小蛋重为 36.2 g，平均蛋重为（40.51±4.02）g；蛋壳色泽为绿色；蛋形指数为 1.28；蛋壳强度为 4.45 kg/cm^2；蛋壳厚度为 0.36 mm；蛋的比重大于 1.080；蛋黄呈金黄色；哈氏单位为 78.19；血斑和肉斑率为 0.6%；蛋白质占 53.68%，蛋黄占 34.56%，蛋壳占 11.76%（朱乃军等，2012）。

（3）就巢性

麻城绿壳蛋鸡的就巢性较强，全年多为就巢 1 次，少数就巢 2 次；每次持续 18～22 d，少数可达 24 d（约占 4%）；多发生在春末夏初，也有在秋季就巢的，春夏就巢时间较长，秋季略短。

（4）性成熟期

麻城绿壳蛋鸡的性成熟期与当地其他土种鸡相似，公鸡开啼日龄为 85～110 d，母鸡开产日龄平均为 145 d。

（5）公、母鸡配种比例

公鸡的配种能力较强。据调查，农户养鸡，对公、母鸡的配比并无一定要求，每户不论养母鸡多少，均留养2～3只公鸡。根据麻城市畜牧局种鸡场对公、母鸡留种情况的统计，自然交配时公、母比例为 1 :（10～12）。

（6）受精率及孵化率

麻城绿壳蛋鸡在广大农村主要依靠母鸡天然孵化，平均受精率为93.09%，孵化率为90.73%。麻城市畜牧局种鸡场鸡群的平均受精率为92.8%，人工孵化率为94.6%。农户饲养麻城绿壳蛋鸡天然孵化繁殖性能指标统计结果见表16.6，麻城市畜牧局种鸡场麻城绿壳蛋鸡人工孵化繁殖性能指标统计结果见表16.7。

表 16.6　农户饲养麻城绿壳蛋鸡天然孵化繁殖性能指标统计结果

地点	窝数	入孵蛋数/枚	受精蛋数/枚	受精率/%	孵出雏数/只	孵化率/%
顺河集	15	263	248	94.30	240	91.25
南湖	17	287	264	91.99	259	90.24
合计	32	550	512	93.09	499	90.73

表 16.7　麻城市畜牧局种鸡场麻城绿壳蛋鸡人工孵化繁殖性能指标统计结果

入孵批数	入孵时间	入孵蛋数/枚	受精蛋数/枚	受精率/%	孵出雏数/只	孵化率/%
6	3 月	43 500	39 977	91.9	40 803	93.8
4	4 月	30 000	28 110	93.7	28 620	95.4
合计		73 500	68 087	92.8	69 423	94.6

（7）雏鸡成活率

据麻城市畜牧局对种鸡场所养麻城绿壳蛋鸡人工孵化的1000只雏鸡育雏情况的统计分析，出生后30日龄成活率为98.1%；60日龄成活率为95.9%。另据对南湖、顺河集两地区18窝雏鸡的观察记载，共孵出雏鸡317只，30日龄成活率为98.32%，60日龄成活率为82.14%。农户饲养雏鸡孵化成活情况统计结果见表16.8。

表 16.8　农户饲养麻城绿壳蛋鸡孵化成活率统计结果

地点	孵化窝数	孵出雏鸡数/只	30 日龄		60 日龄	
			成活数/只	成活率/%	成活数/只	成活率/%
南湖	11	197	192	97.46	165	85.94
顺河集	7	120	119	99.17	94	78.33
合计	18	317	311	98.32	259	82.14

（8）生态适应性

麻城绿壳蛋鸡的体形外貌、生产性能遗传基本稳定，是当地人们经百余年长期选择而成的特殊的蛋用型地方鸡遗传资源。麻城绿壳蛋鸡大多采取自由放牧，使其得到充分的活动，并获得较多的青绿饲料、矿物质及虫类等天然饲料，单位增重饲料消耗相对少。但在散放饲养、低蛋白水平饲养条件下，生长速度较慢。

麻城绿壳蛋鸡具有性情活泼、反应敏捷、易受惊吓、善飞跃、抗病性强、适应性强、耐粗饲、易于饲养的特点，具有蛋用鸡的体形和神经类型。尤其是其所产鸡蛋具有蛋壳翠绿、色泽鲜艳、蛋白浓稠、口感弹性细腻、蛋黄呈金黄色、味道鲜香的特征，尤为当地群众喜爱，在周边地区的绿壳鸡蛋市场享有盛誉。麻城绿壳蛋鸡既适合山区圈养，也适合农区散养。

六、饲 养 管 理

麻城绿壳蛋鸡耐粗饲，适宜野外散养，在经济林中放养时，既给鸡生长提供了良好的饲养小环境，又给林地提供了优质的有机肥。麻城绿壳蛋鸡产蛋性能适中，蛋色翠绿鲜亮，蛋白浓稠，蛋黄呈金黄色，蛋黄大，鸡蛋口感好、风味好，深受当地农户喜爱和消费者欢迎。当地居民一般早晨把鸡放出自由觅食，傍晚鸡自动回巢栖息，居民多于傍晚补饲剩饭剩菜、大小麦或稻谷。

麻城绿壳蛋鸡放养时首先要选择良好的养殖环境，其次要努力保持和维护生态系统的安全和完整，减少各种疫病的发生。在整个饲养过程中，要按免疫程序进行各种疫苗接种免疫，避免传染病的发生。

根据饲养管理的方式不同，有如下要求。

1. 农户饲养

多数农户采用小群放养（一般饲养 10～30 只）、自由觅食的方式，终年放牧于山林草坡之中，鸡主要采食树叶、青草、草籽及各种昆虫，只在下雪天加以原粮补饲。雏鸡靠母鸡抱孵，母鸡抱孵期间，孵窝设在僻静处，严禁猫、狗干扰。每天给母鸡供应充足饮水，早晚补饲 2 次。雏鸡出壳后由抱孵母鸡护理带养，饲料以熟的玉米糁、小米等为主。1～2 月龄，可在院中自由活动采食，2 月龄后，就随抱孵母鸡到野外自由采食。农户养鸡常用饲料有谷糠、玉米、麸皮、小麦等，多以粒料或湿料补饲为主，散养鸡很少饲喂混合料和配合料。目前，当地政府提倡通过种鸡育种场提供 6 周龄以上脱温鸡苗，投放到保种区的优选农户，该方式很受农户欢迎，效果很好。

2. 规模场饲养

饲养规模，以每群 50～300 只为宜，放牧场地大则可扩大群体；半放牧半舍饲，育雏期和育成期饲喂全价配合饲料，产蛋期放牧加补饲剩菜剩饭和自配料（以稻谷和青饲料为主）。规模化养殖的饲料管理，随着优质禽产品市场价位的不断上涨，规模化养鸡大户不断增加，人们也不断探索出了饲养管理经验。

育雏期间多采用垫料平养或网上平养、红外线灯或煤烟道供热、饲料多为全价日粮粉料、使用饲喂器和引水器，以及不限量采食和给水的饲养管理。管理上要特别注意温度和湿度的控制，要经常保持室内通风与卫生，要勤换垫料，50 d后可选择天气晴暖的时候，围栏放牧，之后逐步转入以放牧为主，让其自由觅食，采取早晚补料的办法饲养。

3. 种鸡场的饲养管理

种鸡应采用笼养和人工授精，以提高种蛋的受精率、孵化率、成活率。在管理上要注意鸡舍内通风，并保持干燥，产蛋期间要适当增加光照时间，要经常保持环境卫生、强化消毒工作，日粮应饲喂全价日粮，有条件的可适量饲喂一些青绿饲草，可用鸡粪发酵生产蝇蛆或蚯蚓来喂鸡，以提高产蛋量和蛋的品质。要高度重视种鸡场的防疫工作，采用全程防疫制度防控白痢、球虫病等疾病；要认真做好各项记录，整理好档案。

4. 适时免疫

一般应接种禽流感、鸡新城疫疫苗，饲养期较长的产蛋鸡，还应接种鸡传染性支气管炎疫苗，夏秋季还应接种鸡痘疫苗。雏鸡阶段应在饲料中加入防白痢和抗球虫病的药物。

七、科 研 进 展

采用原种保种场和自然保护区相结合的方式进行麻城绿壳蛋鸡保种。麻城绿壳蛋鸡已建立原种保种场和自然保护区，原种保种场采用家系繁殖，自然保护区采用群选法，着重体形外貌、生长发育、繁殖性能、产绿壳蛋性能、绿壳蛋品质等性状的选择。

1. 保种场建设

2009 年 10 月，麻城市畜牧局在麻城绿壳蛋鸡的主产区顺河集镇、乘马岗镇、福田河镇、三河口镇和木子店镇共 5 个乡镇 36 个乡村自然村落收集原种绿壳蛋鸡 1800 多只，以组建麻城绿壳蛋鸡原种保种场。目前麻城绿壳蛋鸡核心群的数量约为 1600 只，其中公鸡 280 多只、母鸡 1300 多只。

2. 自然保护区建设

已建立自然保护区，选定在顺河集镇、乘马岗镇、福田河镇、三河口镇和木子店镇共 5 个乡镇，每个乡镇选定 4 个自然环境相对封闭的山区乡村自然村落为自然保护区基地。各自然保护区内严禁外来种的进入，杜绝杂交利用。自然保护区设定在低山丘陵、交通不便、受外界影响小、生态环境良好、适宜麻城绿壳蛋鸡生态放养的山区乡村自然村落，每个山区乡村选定 10 个自然村落。自然保护区的保种目标是存栏纯种优质麻城绿壳蛋鸡 20 000 只，其中种公鸡 2000 只、种母鸡 18 000 只。

3. 麻城绿壳蛋鸡的保种方法

1）核心群内各家系等量留种。

2）在组建家系时注意避免近交。

3）在适宜麻城绿壳蛋鸡生态放养的山区乡村自然村落（自然保护区）一般不进行特殊性的选择，确保原有的基因都能得到保存。

4）外界环境条件要相对稳定，控制污染源，防止基因突变。

5）做好保种群的测定和记录工作，对鸡群的产蛋量、蛋重、开产日龄、耗料、受精率、孵化率、各期成活数、体重、疾病防疫等都要做详细的记录；健全档案管理制度，实行计算机化管理，提高管理质量。

4. 保种场建设与品种登记制度

已制订保种和利用计划。保种场设在麻城市。建立了品种登记制度，2009 年开始，由麻城市畜牧局改良站负责。

5. 研究工作

截至 2017 年 12 月，麻城绿壳蛋鸡的研究工作仅见于李拓凡等（2016）的报道。其利用特异性 PCR 引物对湖北省地方品种洪山鸡和麻城绿壳蛋鸡的基因组进行了部分禽内源性反转录病毒检测。结果表明：两个鸡品种的基因组中均检测到 3 种禽内源性反转录病毒；核酸序列同源性分析显示，这两种鸡中的禽内源性反转录病毒具有高度同源性；进化树分析显示，在相应的病毒进化树中两种鸡的 3 种禽内源性反转录病毒均分别处于同一分支，这可能提示，洪山鸡和麻城绿壳蛋鸡的内源性反转录病毒具有共同的祖先，并且进化路径相似。

八、评价与展望

1. 品种评估

麻城绿壳蛋鸡大多采取自由放牧方式，使其得到充分的活动，并获得较多的青绿饲料、矿物质及虫类等天然饲料，单位增重饲料消耗相对少。但在散放饲养、低蛋白水平饲养条件下，生长速度较慢，体形小。

麻城绿壳蛋鸡产蛋性能适中，蛋色翠绿鲜亮，平均蛋重为（40.51 ± 4.02）g；蛋壳绿色，墨绿整齐，群体产绿壳蛋的比例平均在 60% 左右；蛋白浓稠，口感弹性细腻，蛋黄呈金黄色，蛋黄大，富含各种丰富的营养物质；鸡蛋口感好，风味好，深受消费者欢迎，但年产蛋量相对较低，蛋重一般。

我国鸡的地方品种很多，各有特点，但有几点是共同的：优质鸡的体重在 1.5 kg 以下，黄麻羽；优质蛋重一般不超过 50 g，蛋白浓稠，蛋黄大；蛋、肉口感好，风味好。麻城绿壳蛋鸡除有我国地方品种鸡的共同特点外，还有体形小、产绿壳蛋、适应能力强、饲养规模大，以及深受本地及外地消费者喜爱等特点。因此，加大对麻城绿壳蛋鸡的种质资源保护和综合开发利用，是提高遗传育种水平和生物技术的基础，不仅能保持生物的多样性，满足人民对畜产品优质化的需求，而且对调整优化畜牧业结构、壮大麻城绿壳蛋鸡的产业优势、增加农民收入、推进新农村建设，以及提升我国畜产品的竞争能力都具有重要的意义。

2. 存在的问题

麻城市在麻城绿壳蛋鸡种质资源的保护和开发利用上虽做了大量工作，也取得了一定的成绩，但仍存在着困难。

1）由于保种与开发经费投入不足，麻城绿壳蛋鸡尚未开展系统化的选育、保护和开发利用工作，仅限于当地农户自繁自养、自给自足。麻城绿壳蛋鸡保种尚无一家现代化原种场，广泛流养于民间，这将会导致麻城绿壳蛋鸡这一宝贵遗传资源的退化和流失。

2）目前麻城绿壳蛋鸡由于选育程度较低，外形特征还不够统一，群体产蛋水平和产绿壳蛋的比例（农户自然状态下约 45%，保种场 65%）还有待进一步提高。作为优良的蛋肉兼用型地方品种，今后需要加强对该品种的选育工作，通过测交进一步纯合产绿壳蛋的基因，在此基础上进行小群家系保种的同时，开展高产系选育，为麻城绿壳蛋鸡的开发利用开辟道路，让麻城绿壳蛋鸡更好地服务于国民经济。并且在近年开展的进一步饲养试验的基础上，制订品种标准和不同饲养方式下的营养需要量。

3. 对策与建议

麻城绿壳蛋鸡是一个经过人们长期人工选择而成的优质地方鸡种质资源，且已初具规模。当地种禽企业拟对麻城绿壳蛋鸡进行长期的资源保护，行业科研、教学单位通过将该资源的生产性能进行记录，并和分子遗传学分析手段加以结合，将会进一步掌握该地方鸡的种质资源特性，并加以保护利用。并且，随着消费观念的转变，消费者对优质绿壳土鸡蛋的需求越来越多。麻城绿壳蛋鸡正是当地人民群众根据市场需求而形成的优良地方鸡资源，对该资源进行开发选育，符合今后的发展方向，急需各相关部门对该工作给予支持和重视。因此，针对麻城绿壳蛋鸡当前产业化发展中存在的问题，调查组提出以下对策与建议。

1）需要各方面对麻城绿壳蛋鸡的资源保护工作给予关心、重视和支持，切实加大麻城绿壳蛋鸡资源保护力度，不断丰富我国地方鸡种质基因库。

2）要尽快建立麻城绿壳蛋鸡配套系繁育体系，加速麻城绿壳蛋鸡的选育提高，开发麻城绿壳鸡蛋新产品，增加其附加值。走保护与开发利用相结合的道路，选育提高麻城绿壳蛋鸡品种的生产性能，建立和完善麻城绿壳蛋鸡良种利用推广网络，使麻城绿壳蛋鸡的保种与开发利用步入良性循环轨道。

4. 展望

麻城绿壳蛋鸡是湖北省新发现的产绿壳鸡蛋的蛋用型鸡遗传资源，该品种2002年经湖北省畜禽品种审定委员会审核确定为"麻城绿壳蛋鸡"并载入《湖北省家畜家禽品种志》；2012年首次入选《国家畜禽遗传资源品种目录》，成为国家级地方优良品种遗传资源，也是目前国家批准的湖北省唯一以地域名称命名、以产绿壳鸡蛋为主的蛋用型地方优良品种。今后应重点建设麻城绿壳蛋鸡特色基地，发展特色龙头企业，建立特色品牌。鉴于国际、国内市场对麻城绿壳蛋鸡的巨大需求，麻城绿壳蛋鸡的产业发展前景将十分广阔。

参 考 文 献

陈继位，邹玲. 2016. 林下养殖绿壳蛋鸡的管理技术［J］. 中国畜禽种业，1：131-132.

丁海波. 2013. 麻城绿壳蛋鸡的饲养管理和发展前景［J］. 湖北畜牧兽医，34（8）：55-56.

李琴，罗恩全，冉剑波，等. 2012a. 重庆地方遗传资源绿壳蛋鸡的调查及性能分析［J］. 西南农业学报，5：1911-1915.

李琴，罗恩全，冉剑波，等. 2012b. 重庆石柱绿壳蛋鸡遗传资源调查及性能分析［J］. 中国家禽，13：66-68.

李拓凡，梁雄燕，叶丽珣，等. 2016. 洪山鸡和麻城绿壳蛋鸡禽内源性反转录病毒基因检测

与分析 [J]. 湖北农业科学，7：1762-1765.

皮劲松. 2011. 蛋鸡养殖关键技术 [J]. 湖北畜牧兽医，1：4-6.

陶佳喜. 2003. 地方优良鸡种——麻城绿壳蛋鸡 [J]. 农业科技通讯，7：19.

周绍厚，朱乃军，郑峰. 2014. 麻城绿壳蛋鸡育成期的饲养要求 [J]. 中国禽业导刊，16：70-71.

朱乃军，夏晓初，周显锋，等. 2016. 麻城绿壳蛋鸡的生态养殖 [J]. 中国禽业导刊，20：61.

朱乃军，周绍厚，袁微，等. 2012. 麻城绿壳蛋鸡的生产性能 [J]. 中国禽业导刊，18：41.

朱乃军，周绍厚，郑峰，等. 2015. 麻城绿壳蛋鸡育雏期的饲养管理要点 [J]. 中国禽业导刊，15：65.

调查人：赵存真、马云、张凯丽、韩爽、李信
当地畜牧工作人员：朱乃军、李晓锋
主要审稿人：赵云焕

正阳三黄鸡

正阳三黄鸡（Zhengyang yellow chicken）是河南省地方优良畜禽品种，属蛋肉兼用型鸡种，因鸡喙、羽毛、胫部均为黄色，且正阳县三黄鸡数量多、分布广、品质好而得名。正阳三黄鸡主要产于河南省驻马店地区的正阳、汝南、确山一带。正阳三黄鸡具有体格中等、生长快、产蛋多、耐粗饲、适应性强、抗病能力强、肉质鲜美等特点，深受当地农户喜爱和消费者欢迎。该鸡种还有许多能够稳定遗传且有价值的经济性状，是培育我国特优质型鸡种不可多得的宝贵基因资源，开发潜力巨大。

正阳三黄鸡公鸡的活体重为 1.62 kg，体斜长为 21.3 cm，龙骨长为 11.7 cm，骨盆宽为 8.2 cm，胸宽为 6.4 cm，胸深为 10.4 cm；母鸡的体重为 1.44 kg，体斜长为 19.3 cm，龙骨长为 10.8 cm，骨盆宽为 7.8 cm，胸宽为 6.1 cm，胸深为 9.6 cm；公鸡的平均屠宰率为 90.7%，半净膛率为 82.34%，全净膛率为 70.5%；母鸡的平均屠宰率为 91.9%，半净膛率为 74.34%，全净膛率为 65.8%。正阳三黄鸡性成熟较早，青年公鸡 3 月龄开啼，4 月龄有交配行为，平均开产日龄在 165 d 左右。正阳三黄鸡的产蛋连产性较强，一般能连产 2~5 枚蛋，年平均产蛋量为 149 枚，平均蛋重为 50.37 g，鸡蛋品质较好。

2017 年正阳三黄鸡的存栏量约 120 万只。正阳三黄鸡产业发展中存在的良种选育落后及繁育体系发展不完善、饲养方式落后、研发滞后于生产、疫病防控等问题依然突出，因此，需要加强正阳三黄鸡的良种繁育体系建设、扩大正阳三黄鸡繁育区，实行产业化经营，促进正阳三黄鸡产业发展。

一、一 般 情 况

1. 品种名称

正阳三黄鸡是河南省地方优良畜禽品种，属蛋肉兼用型鸡种，2010 年被国家质检总局正式批准为地理标志产品。该鸡因鸡喙、羽毛、胫部均为黄色，且正阳县三黄鸡数量多、分布广、品质好而得名。正阳三黄鸡遗传性能稳定，是培育和创造我国新鸡种的宝贵基因库，有重要的保存利用及科学研究价值。

2. 中心产区和分布

正阳三黄鸡产于河南省驻马店地区的正阳、汝南、确山三县。中心产区位于正阳、汝南、确山三县交界处的文殊河流域,正阳的城郊、熊寨、傅寨、寒冻、衰寨、兰青、陡沟、闻河店、阮店等乡镇,汝南的常兴、和孝、大王庄、马乡、官庄、余店、三桥、王岗等乡镇,确山的杨店、留庄、普会寺、刘店等乡镇为主要产区。邻近各县,如上蔡、新蔡、信阳、息县、平舆等县也有少量分布。

3. 产区的自然生态条件

正阳县地处大别山前倾斜平原区,东西长 64.5 km,南北宽 57 km,处于北纬 32°16′~32°47′、东经 114°12′~114°53′,地势西北高、东南低。正阳县西北宋店岗地势最高,海拔为 102 m;东部岳城地势最低,海拔为 40 m;平均海拔为 77.8 m。年平均气温为 15℃,相对湿度为 76%,年平均风速为 3.35 m/s,年降水量为 938 mm,年无霜期为 228.7 d,年平均日照时数为 2186.5 h。土质属潮黑土,南部有少部分水稻土,正阳、汝南两县地势平坦,确山有部分山地。产区内公路、铁路发达,交通方便。

产区内气候适宜,雨水阳光丰沛,河流、坑、塘较多,适合各种作物生长。当地以种植小麦、大豆为主,兼种水稻、玉米、大麦、高粱、红薯、芝麻、油菜和棉花,饲料资源十分丰富,对正阳三黄鸡发展十分有利。

二、品种来源及数量

1. 品种来源

正阳三黄鸡具有悠久的历史,是长期自然选择和劳动人民精心选育的结果,属地方良种。在正阳、汝南、确山三县交界的文殊河流域,当地群众素有养鸡的习惯,每户少则养 15~20 只,多的养 40~50 只,甚至上百只。农民养鸡主要靠放牧,鸡在村庄周围、树林及田间觅食,鸡群可寻找地粮、草籽、嫩草、昆虫等各种饲草、料。一方面,放养可以使鸡群获得生长、发育、产蛋需要的各种营养物质及充足的阳光,终日觅食运动锻炼也使正阳三黄鸡逐渐形成体质健壮结实、体态匀称、活泼敏捷、觅食力强、耐粗饲、抗病力强等特点。另一方面,群众长期有意识地选留产蛋多、蛋个大、肉质鲜美的鸡作种,如此世世代代挑选和培育,使正阳三黄鸡的品种特性逐渐形成并稳定下来。1981 年经河南省畜禽品种鉴定委员会认定,该鸡种符合地方良种标准,定名为正阳三黄鸡,列入《河南省地方优良畜禽品种志》。

2. 调查概况

本次调查从 2017 年 4 月初开始，历时两个月对正阳三黄鸡进行了实地调查，调查步骤如下：①在学术刊物上检索有关正阳三黄鸡的文献资料；②在正阳县查得 20 世纪 80 年代有关正阳三黄鸡的调查资料及近 3 年的存栏量报表，确定调查的地点；③对正阳三黄鸡的体尺数据进行测定，并拍摄照片。通过调查发现由于正阳三黄鸡受到当地政府和畜牧部门的重视和保护，正阳三黄鸡养殖已走上产业化的良性发展轨道，近年来饲养量趋于平稳，处于无危险状态。

3. 群体数量

根据正阳县畜牧局的统计资料，正阳三黄鸡种鸡群由 1981 年的 120 只发展到 1983 年的 7500 只，到目前为止有原始基础种群 2 万套。1980 年底统计，正阳三黄鸡的社会饲养量约有 40 万只，1983 年发展到 135 万只，1983 年以后，随着我国的体制改革及外来高产蛋鸡的巨大冲击，正阳三黄鸡的发展受到严重影响。到 1990 年正阳三黄鸡的存栏量约为 40 万只，1995 年正阳三黄鸡的存栏量约为 8 万只，而在 2004 年正阳三黄鸡的存栏量达到最低，约为 2 万只。近些年，正阳县政府加大了对正阳三黄鸡资源的保护和开发力度，正阳三黄鸡年存栏数量不断增加，2007 年中心产区正阳三黄鸡的饲养量为 120 多万只，2008 年正阳三黄鸡的饲养量为 185 万只，2010 年以来正阳三黄鸡的数量基本保持在 120 万只左右。正阳县正阳三黄鸡 1985～2015 年的消长形势见表 17.1。

表 17.1　正阳县正阳三黄鸡 1985～2015 年的消长形势表　（单位：万只）

年份	饲养量	年份	饲养量	年份	饲养量
1985	110	1994	10	2003	3
1986	125	1995	8	2004	2
1987	100	1996	6	2005	3
1988	65	1997	5	2006	15
1989	60	1998	4	2007	120
1990	40	1999	4	2008	185
1991	35	2000	3	2010	120
1992	30	2001	3	2015	120
1993	25	2002	3		

三、体 形 外 貌

1. 成年禽和雏禽的羽色及羽毛的重要遗传特征

成年公鸡体形较小，体态匀称，结构紧凑，外貌秀丽；颈部粗壮灵活，覆有金黄色羽毛，色泽较躯干部羽毛稍淡，四趾开张锐利。

成年母鸡体格小巧，结构匀称，羽毛紧凑，翅小、紧贴体壁，体形呈楔状；羽毛以黄色为主，黄麻羽色较少；颈部灵活，羽毛黄色、比躯干部羽毛色泽略深，且带有金光；尾羽、主翼多呈黑黄色，也有纯黄色、黄白色的。

2. 外貌描述

（1）体形特征

公鸡：体躯发达匀称，结构紧凑，胸部宽广突出，背腰平直，头尾高翘，腿粗壮，骨骼粗壮结实，肌肉发育适中。

母鸡：体躯匀称、结实，胸部适中，背腰平直，腹部宽大，后躯发达，腿细结实，骨骼细而结实，肌肉发育适中。

（2）头部特征

公鸡：成年公鸡喙短粗，稍弯曲，呈米黄色，基部为黄褐色，纯黄色的喙较少；头大小适中；冠、肉垂发达，威武雄壮，冠、肉垂、脸面、耳垂皆为鲜红色，冠型有单冠、复冠两种，单冠居多，复冠只占14%左右，单冠直立，有5～7个冠齿；眼睛大而圆，突出、明亮有神。

母鸡：成年母鸡喙短粗，呈米黄色，喙基部多为褐黄色；眼睛圆、突出、明亮；冠、肉垂、脸面、耳垂皆呈鲜红色，冠型有单冠、复冠两种，以单冠最多；单冠小且直立，有5～7个冠齿，有部分母鸡冠基前中部呈波形弯曲，肉垂发达；黄喙与黄白色的圆形耳毛，在鲜红的脸面部衬托下，使鸡头显得特别清秀美观。正阳三黄鸡外形体态如图17.1和图17.2所示。

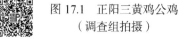
图 17.1　正阳三黄鸡公鸡
（调查组拍摄）
扫码见彩图

图 17.2　正阳三黄鸡母鸡
（调查组拍摄）
扫码见彩图

四、体尺、体重

正阳三黄鸡公鸡与母鸡的体重、胸宽两项指标差异不显著（$P>0.05$）。公鸡的体斜长、龙骨长、骨盆宽、胫围、胫长显著高于母鸡（$P<0.05$）。可见，正阳三黄鸡公鸡的体尺参数大部分都大于母鸡（表17.2）。

表17.2 成年三黄鸡的体尺、体重表

调查项目	2006年		1980年	
	公	母	公	母
调查只数	50	50	16	25
日龄/d	210	210	—	—
体重/kg	1.62 ± 0.21	1.44 ± 0.16	2.01 ± 0.24	1.47 ± 0.22
体斜长/cm	21.3 ± 0.8	19.3 ± 1.1	20.76 ± 1.17	17.86 ± 0.89
胸宽/cm	6.4 ± 0.8	6.1 ± 0.6	7.03 ± 0.44	5.61 ± 0.58
胸深/cm	10.4 ± 0.6	9.6 ± 0.6	10.33 ± 0.52	8.87 ± 0.66
龙骨长/cm	11.7 ± 0.8	10.8 ± 0.6	11.76 ± 1.15	9.69 ± 0.67
骨盆宽/cm	8.2 ± 0.5	7.8 ± 0.5	8.53 ± 0.57	7.16 ± 0.63
胫长/cm	10.7 ± 0.8	9.0 ± 0.6	9.5 ± 0.80	6.88 ± 0.68
胫围/cm	4.3 ± 0.2	3.8 ± 0.2	—	—

资料来源：2006年的数据由河南农业大学测定；1980年的数据引自《河南省地方优良畜禽品种志》编辑委员会（1986）

五、生产与繁殖性能

1. 生产性能

（1）生长速度

正阳三黄鸡青年公鸡7月龄的体重平均只有1.62 kg，青年母鸡的体重为1.45 kg，在饲喂全价配合饲料的情况下，4月龄青年公鸡的体重为1.5～1.6 kg，小母鸡的体重为1.25～1.35 kg。育雏期（1～4周龄）的日耗料量为50 g，育肥期的日耗料量为100 g，全程肉料比为1∶3.8。生长增重较快的时期出现在60～120日龄，平均月增重0.35 kg。母鸡开产前的一个月，鸡群采食量猛增，为整个青年鸡阶段生长最快的时期，平均月增重可达0.4 kg。

（2）屠宰率

正阳三黄鸡公、母鸡的屠宰日龄均为300日龄；公鸡的宰前体重为1.54 kg，母鸡为1.4 kg；公鸡的胴体重为1.36 kg，母鸡为1.32 kg。正阳三黄鸡的屠宰率较高，5 月龄青年小公鸡的半净膛率为 81%，全净膛率为 72%；小母鸡 6 月龄时的半净膛率为 80%，全净膛率达 71.97%，且具有皮薄、骨细、肉质细嫩多汁、风味鲜美、营养丰富、屠体美观等特点。正阳三黄鸡的屠宰性能见表 17.3，肉质性能见表 17.4。

表 17.3　正阳三黄鸡的屠宰性能测定表

调查项目	2006 年		1980 年	
	公	母	公	母
数量 / 只	30	30	—	—
日龄 /d	300	300	150	180
屠宰重 /kg	1.54±0.20	1.32±0.20	—	—
屠宰率 /%	90.7±0.9	91.9±0.1	—	—
半净膛重 /kg	1.271±0.12	1.033±0.13	—	—
半净膛率 /%	82.34±0.55	74.34±3.47	81	80
全净膛重 /kg	1.095±0.11	0.905±0.12	—	—
全净膛率 /%	70.5±1.4	65.8±3.1	72	71.97
腿肌重 /kg	0.154±0.02	0.103±0.01	—	—
胸肌重 /kg	0.072±0.01	0.067±0.008	—	—

资料来源：2006 年的数据由河南农业大学测定（300 日龄公、母鸡各 30 只）；1980 年的数据引自《河南省地方优良畜禽品种志》编辑委员会（1986）

表 17.4　正阳三黄鸡的肉质性能测定表

性别	水分 /%	灰分 /%	粗脂肪 /%	粗蛋白 /%	嫩度 /N
公	73.48±0.5	1.21±0.04	1.09±0.042	24.47±0.064	3.59±0.052
母	72.24±0.056	1.28±0.07	1.74±0.18	24.72±0.27	3.48±0.089

资料来源：数据由河南农业大学测定（300 日龄公、母鸡各 4 只）；1980 年的数据引自《河南省地方优良畜禽品种志》编辑委员会（1986）

2. 繁殖性能

（1）产蛋性能

正阳三黄鸡养殖比较粗放，在终年放养、冬春季略加补饲的条件下，年产蛋量为 140～160 枚，据走访群众饲养的三黄鸡个体产蛋记录统计，年平均产蛋量为 149 枚，蛋料比为 1∶3.9，少数个体年产蛋量可达 200 枚，产蛋时间集中在 3～10 月，春季是产蛋旺季，秋季产蛋也较多，夏、冬季产蛋较少。据群众反映，该品种的连产性良好，一般能连产 2～5 枚蛋休息一天，少数优秀个体可连产 34 枚蛋。正阳三黄鸡鸡蛋的主要指标见表 17.5。

表 17.5　正阳三黄鸡的蛋品质测定表

调查项目		2006 年	1980 年
数量 / 枚		50	17
蛋重 /g		50.37±3.97	51.9
比重		1.11±0.01	—
纵径长 /cm		5.38±0.19	—
横径长 /cm		4.12±0.17	—
蛋形指数		1.31	1.133
蛋壳厚度	钝端 /mm	0.33±0.02	—
	中间 /mm	0.34±0.03	—
	锐端 /mm	0.35±0.02	—
蛋壳重量 /g		5.92±0.11	—
蛋黄重量 /g		16.99±1.30	—
蛋黄颜色 / 级		9.11±1.01	—
蛋白高度 /cm		0.59±0.07	—
哈氏单位		79.15±4.27	—

资料来源：2006 年的数据由郑州牧业工程高等专科学校测定（300 日龄正阳三黄鸡的 50 个鸡蛋样品）；1980 年的数据引自《河南省地方优良畜禽品种志》编辑委员会（1986）

（2）就巢性

正阳三黄鸡有就巢性，第一年开产的母鸡就巢性较弱，就巢母鸡占全群母鸡的 18% 左右；第二年开产的老母鸡，就巢性增强，就巢母鸡占全群的 25%～30%，部分老母鸡有一年就巢两次的现象。每次就巢持续时间约 60 d，醒巢后身体恢复要半个月左右，可继续产蛋。多在春季产蛋旺季后的 5～6 月出现就巢，7～9 月仍有就巢现象发生。

（3）性成熟期

公鸡性成熟较早，青年公鸡 3 月龄开啼，4 月龄有交配行为；母鸡性成熟也比其他地方的鸡早，平均开产日龄在 165 d。

（4）换羽

正阳三黄鸡每年换羽一次，多在 10～11 月进行，每次换羽的休产期为 60～70 d，部分低产鸡 7～8 月就开始换羽休产，换羽期往往持续 4～5 个月之久，少数高产鸡，可以边换羽、边产蛋。

（5）繁殖性能

公、母比例一般为 1:（12～15），公鸡的利用年限为 1～2 年，母鸡的利用年限为 1 年。当地群众有"新鸡露头，老公鸡不留"的习惯，即春孵过后，淘汰老公鸡，节省饲料，到第二年春孵时全部使用新公鸡配种。正阳三黄鸡的繁殖性能见表 17.6。

表 17.6 正阳三黄鸡的繁殖性能表

调查项目	2006 年	1980 年
种禽数量 / 只	30	不详
开产日龄	165	190
种蛋受精率 /%	85 以上	90
种蛋合格率 /%	90	不详
受精蛋孵化率 /%	90	80
入舍产蛋数 / 枚	165	不详
蛋重 /g	50.37	51.9
健雏率 /%	95	92

注：入舍母禽产蛋数统计时间为 6 个月，母禽饲养日产蛋数统计时间为一年

六、饲 养 管 理

正阳三黄鸡适应性强，适宜放养、散养及生态园养殖等各种方式。正阳县质量技术监督局结合正阳三黄鸡的特点，制定并实施了《正阳三黄鸡养殖技术规范》，既结合了传统养殖法和现代养殖法的优点，又突破了笼养鸡的缺陷，大大提高了正阳三黄鸡蛋、肉的风味和品质。

1. 育雏期

育雏期指 0～30 日龄，这段时期的雏鸡幼小、抵抗力差，需要进行温室饲养，一般要求第一周室温为 33～35℃，第二周为 32～33℃，第三周为 26～30℃，三周以后就可以进行常温饲养。保温期的温度应灵活掌握：如发现扎堆、吱叫现象，应为温度偏低；如发现张口喘气、远离热源现象，应为温度偏高。相对湿度一般为 55%～65%。做到适时开饮开食，开食前必须先饮水，最好连续 2～3d 加 5% 的葡萄糖或维生素，这样可使雏鸡尽早排出胎粪，增强雏鸡的抵抗力和采食力，从而提高雏鸡的成活率。饲养密度一般为 30～40 只 /m²，平时还要注重通风换气，保持鸡舍内空气新鲜，严防室内氨气浓度过大，使鸡保持良好的精神状态，避免呼吸道疾病的发生。同时还要做好接种免疫工作，一般疫苗的接种程序如下：第 1 天接种马立克，第 7 天接种新支 H120，第 14 天接种法氏囊，第 21 天接种新支 H120，第 26 天接种法氏囊，第 30 天鸡痘刺种。此阶段由于雏鸡消化系统还不完善，需采用全价配合饲料进行饲养，以满足雏鸡的各种需要。通常只要严格按照各项标准去做，雏鸡的成活率能达到 98% 以上。

2. 育成期

由于正阳三黄鸡是著名的土鸡品种，具有活泼好动的特性，不能一直在室内圈养，否则会影响鸡肉的风味和品质。同时正阳三黄鸡达到 30 日龄以后，主要的免疫接种已基本完成，各项生理指标进一步完善，抵抗力也得到巨大提高，能够适应室外的气候条件，所以要进行室外放养。

正阳三黄鸡达到 30 日龄以后，可转入放养鸡棚，在转群前后 3d 应在饮水中加维生素，以防出现应激反应。转入放养鸡棚的鸡不能立即放牧，应在棚内进行 3～5d 适应性饲养，然后由近到远移动料槽，逐渐将料槽移动到远处实现放养。在棚舍附近放置饮水器，早晚让鸡自由饮水。早晨只喂五六成饱，让其到草地里采食野草、捕捉昆虫，晚上回来后喂饱喂足，这样可节约 1/3 以上的饲料成本。其间的饲料由原来的雏鸡料逐渐转化为专门配制的育成料或原粮（未经过加工的玉米、谷物等）。每群数量根据棚舍条件而定，以 1000～2000 羽为宜，如果群体过大须实行围栏分区放养，放养密度以 100～200 羽 / 亩为佳，放养密度越低越好。同时要做好疾病防治，主要措施是隔断传染途径，把病原体隔绝到场外，加强饲养管理，做好消毒工作，进行免疫接种（正阳三黄鸡育成阶段的主要免疫工作为 60 日龄肌注新支流感三联苗，120 日龄接种新城疫 I 系疫苗）。此外还应加强鸡群观察，尽早发现疾病，早做防治，从而进一步保证正阳三黄鸡的成活率和鸡肉的品质。

3. 成鸡饲养

正阳三黄鸡达到 150 日龄后就成为大鸡了，大鸡的饲养技术相对比较简单，公鸡通常上市出售，母鸡留下产蛋。通常采取放养模式，晚上补充光照，产蛋前进行一次驱虫，预防发生输卵管炎而影响产蛋量和鸡蛋的品质。

七、科 研 进 展

采用原种保种场和自然保护区相结合的方式进行正阳三黄鸡保种。正阳三黄鸡已建立原种保种场和自然保护区，原种保种场采用家系繁殖，自然保护区采用群选法，着重体形外貌、生长发育、繁殖性能等性状的选择。

1. 保种场建设

2006 年正阳县建立了正阳三黄鸡保种场，承担保种任务，种群数量为 3 万只。近年来，为加强正阳三黄鸡品种资源的保护和开发，正阳县委、县政府筹资 500 余万元，新建了一个占地 100 亩、可存栏种鸡 10 万套的正阳三黄鸡原种保种场。

2. 自然保护区建设

已建立自然保护区。在大林、铜钟、陡沟、兰青、皮店等乡镇的 10 个行政村划定了自然繁育和保护区，繁育区内禁止引进其他外来品种，现有其他品种进行淘汰，统一为农户提供种苗、饲养与防疫养殖技术，实施封闭式的单一饲养。截至目前已进行了三代选种，每年孵化鸡苗在 1 万只左右。为创造良好的选育发展环境，当地又新建了一个设计规模为 8 万套的现代化正阳三黄鸡种鸡场。

3. 正阳三黄鸡的保种方法

正阳三黄鸡的保种方法参照本书第十六章麻城绿壳蛋鸡的保种方法。

截至 2017 年 6 月，正阳三黄鸡遗传标记工作有 mtDNA 的遗传多样性及其进化关系分析等。

八、评价与展望

1. 品种评估

正阳三黄鸡产蛋性能适中，平均蛋重为 50.37 g；蛋白浓稠，口感弹性细腻，蛋黄呈金黄色，蛋黄大，富含各种营养物质；鸡蛋口感好、风味好，深受消费者欢迎。因此，应加大对正阳三黄鸡的种质资源保护和综合开发利用力度，在保护的同时培育高产品系，建立良种繁育体系，提高产量，壮大正阳三黄鸡产业优势，增加农民收入，推进新农村建设，提升市场竞争能力。

2. 存在的问题

正阳县在正阳三黄鸡种质资源保护和开发利用上做了大量工作，取得了一定的成绩，但仍存在困难。

1）由于保种与开发经费投入不足，正阳三黄鸡尚未开展系统化的选育、保护和开发利用，这将会导致正阳三黄鸡这一宝贵遗传资源的退化和流失。

2）目前正阳三黄鸡由于选育程度较低，作为优良的蛋肉兼用型地方品种，今后需要加强对该品种的选育工作，在此基础上进行小群家系保种的同时，开展高产系选育，为正阳三黄鸡的开发利用开辟道路，让正阳三黄鸡更好地服务于国民经济。并且在近年开展的进一步饲养试验的基础上，制订品种标准和不同饲养方式下的营养需要量。

3. 对策与建议

正阳三黄鸡具有"三黄"（胫黄、喙黄、羽黄）的外貌特征，为我国大多数地区群众所喜爱，该品种具有耐粗饲、适应性强、适宜放养等特点，且屠体美观、肉质鲜美，具有良好的开发价值。与其他地方优良品种鸡一样，正阳三黄鸡的保种工作同样面临较多问题，需要采取措施加以解决，同时还需加大开发力度，为该遗传资源的保护提供良好的基础。因此，针对正阳三黄鸡保种工作中遇到的问题，调查组提出以下对策与建议。

1）制订保种与开发利用规划：河南省各级畜牧行政主管部门应牵头组织省内相关高校和科研单位制订正阳三黄鸡的保种规划和方案，为正阳三黄鸡的保种和开发利用提供科学依据，这也是河南省地方畜禽品种保护工作所需要共同解决的问题。

2）加强品种选育和推广：近年来由于企业生产经营经费的短缺，品种的选育工作几近停滞，仅通过小群量继代繁育进行保种。河南省各级畜牧行政主管部门应适当增加正阳三黄鸡的保种经费，加大保种场的种群数量，开展系统的品种选育，保留本品种的主要遗传特征，同时应在划定的保护区内进行品种的推广，用保种场孵化出的雏鸡逐步替换保种区内农户饲养的其他各种鸡。保种工作应以保种场为核心、以保种区为基础，才能为麻城绿壳蛋鸡的品种保护奠定良好的基础。

3）加大产品宣传和开发力度：地方畜禽品种资源的保护，既需要地方政府的支持，也需要保种企业在保种的基础上有序开展品种资源的开发利用工作，在利用的基础上进行保种。正阳三黄鸡的开发利用需要审视该品种的优势并扩大其行业影响力。正阳县政府、畜牧局及正阳三黄鸡保种场要投入人力和资金，充分利用当地每年召开的河南省家禽交易会、中国（驻马店）农产品加工业投资贸易洽谈会，宣传、推介正阳三黄鸡；同时积极参加华南地区相关畜牧业展览会，加强与南方家禽育种公司之间的合作，为正阳三黄鸡的开发铺路搭桥。

4. 展望

正阳三黄鸡除有我国地方品种鸡的共同特点外，还具有鸡蛋、鸡肉口感和风味好、口感弹性细腻，蛋黄呈金黄色，蛋黄大，营养丰富等特点，深受广大消费者喜爱。正阳三黄鸡既适合山区圈养，也适合农区散养。因此，养殖正阳三黄鸡具有广阔的市场前景。近年来，随着我国城市化建设和小城镇建设的加快，城镇人口迅速增加，人民生活水平大幅提高，对优质鸡产品的需求也大幅增加。

加大对正阳三黄鸡的种质资源保护和综合开发利用力度，对调整优化畜牧业结构，壮大正阳三黄鸡产业优势，增加农民收入，推进新农村建设，提升我国畜产品的竞争能力具有重要的意义。2010年正阳三黄鸡被国家质检总局正式批准为地理标志产品，今后鉴于国际、国内市场对正阳三黄鸡的需求越来越大，正阳三黄鸡产业发展会有更广阔的市场空间。

参 考 文 献

常洪. 2003. 我国畜禽遗传资源的优势与危机 [J]. 中国禽业导刊, 20 (10): 14-16.

陈灿菊. 2007. 我国畜禽遗传资源现状及其保护方法综述 [J]. 家禽科学, 8: 33-36.

何远清. 2003. 对我国地方鸡种遗传资源的保存和利用的建议 [J]. 中国禽业导刊, 20 (3): 22-24.

胡刚安. 2001. 地方鸡种的保存与利用应与时俱进 [J]. 中国家禽, 23 (21): 6.

康相涛. 2001. 河南省地方禽种的保护及发展 [J]. 中国家禽, 23 (21): 7-8.

黎寿丰, 陈宽佳, 吴萍, 等. 2003. 部分地方鸡种种群遗传特征的分析 [J]. 中国家禽, 25 (24): 8-10.

刘长青, 张洪海, 杨官品. 2005. 中国地方鸡种种质资源的开发利用及保护对策 [J]. 国土与自然资源研究, 4: 82-83.

刘健, 黄炎坤, 牛岩. 2009. 河南省地方良种鸡蛋品质量物理性状 [J]. 贵州农业科学, 37 (5): 131-133.

牛岩. 2008. 河南省地方鸡遗传资源调查及种质特性比较研究 [D]. 郑州: 河南农业大学硕士学位论文.

牛岩, 赖登明, 江道合. 2009. 正阳三黄鸡 [J]. 河南畜牧兽医, 30 (9): 7-9.

盛东峰, 李淑梅. 2012. 正阳三黄鸡产蛋初期蛋重、蛋形指数变化规律研究 [J]. 家畜生态学报, 33 (6): 55-57.

王清义, 朱深义. 1989. 正阳三黄鸡早期肉用性能研究 [J]. 河南农业科技, 11: 9.

魏彩藩. 2001. 我国地方鸡种资源及开发利用前景 [J]. 中国家禽, 23 (21): 8.

吴常信. 1999. 鸡畜禽遗传资源保存和利用立项研究的建议 [J]. 中国禽业导刊, 22 (16): 3.

徐桂芳, 陈宽维. 2003. 中国家禽地方品种资源图谱 [M]. 北京: 中国农业出版社.

徐琪, 刘国宏, 陈博. 2003. 我国畜禽遗传资源保护与利用研究进展 [J]. 甘肃畜牧兽医, 3: 37.

《河南省地方优良畜禽品种志》编辑委员会. 1986. 河南省地方优良畜禽品种志 [M]. 郑州: 河南科学技术出版社.

《中国畜禽遗传资源状况》编写委员会. 2004. 中国畜禽遗传资源状况 [M]. 北京: 中国农业出版社.

调查人: 吴海港、刘锦妮、马云、林琳
当地畜牧工作人员: 江道合
主要审稿人: 赵云焕

第十八章

皖 西 白 鹅

皖西白鹅（Wanxi white goose）是我国地方优良的中型鹅品种，全身羽毛洁白，头顶肉瘤呈橘黄色，胫、蹼均为橘红色，爪为白色。原产于安徽西部丘陵山区和河南固始一带，主要分布在安徽的霍邱、寿县、六安、肥西、舒城、长丰等县，以及河南的固始等县。皖西白鹅以体形大、早期生长发育快、抗病力强、耐粗饲、耗料少、屠宰率高、肉质好等特点而闻名，特别是以其产绒量高、羽绒品质好而著称。

皖西白鹅公鹅的活体重为 6.45 kg，体斜长为 39 cm，龙骨长为 18.7 cm，骨盆宽为 11.3 cm，胸宽为 13.5 cm，胸深为 13 cm；母鹅的体重为 5.4 kg，体斜长为 37 cm，龙骨长为 18.2 cm，骨盆宽为 13 cm，胸宽为 12.8 cm，胸深为 11.9 cm；公鹅的平均屠宰率为 86%，半净膛率为 81.14%，全净膛率为 74.65%；母鹅的平均屠宰率为 85%，半净膛率为 79.05%，全净膛率为 69%。皖西白鹅产蛋性能较低，在一般粗放的饲养管理条件下，年产蛋 24~26 枚，个别高产鹅可达 70 枚。皖西白鹅性成熟较晚，头茬和二茬鹅大都在 190~210 日龄性成熟。公鹅在 150 日龄左右，即有爬跨母鹅的行为。羽绒的产量和质量均很优秀，羽绒洁白，尤其以绒朵大而著称。

2017 年安徽皖西白鹅的饲养量约为 1000 万只，而在河南固始等地区皖西白鹅的数量基本保持在 200 万只左右。皖西白鹅产业发展中存在的良种选育落后及繁育体系发展不完善、饲养方式落后、研发滞后于生产、疫病防控问题依然突出，屠宰加工水平低，龙头企业带动能力弱等，从而出现产区生产总量呈下降趋势的现象，存在外来基因污染的风险。

一、一 般 情 况

1. 品种名称

皖西白鹅，又称固始白鹅，原产地为安徽西部六安和河南固始一带，属中型鹅品种，是我国少有的肉绒兼用型良种，2001 年被农业部列入首批《国家级畜禽遗传资源保护名录》。该鹅的体躯羽毛为纯白色，个别个体在头部或颈部上段有深褐色小斑块，体格细致紧凑，具有体形大、早期生长发育快、抗病力强、耐粗饲、耗料少、屠宰率高、肉质好等特点，特别是产毛量高、羽绒蓬松、绒朵大，在国际市场上享有盛誉。

2. 中心产区和分布

皖西白鹅是我国重要的地方家禽品种，中心产区为安徽的霍邱、寿县、金安、裕安、舒城、肥西、长丰和河南的固始、潢川、商城等地。在六安主要分布在以金安东桥、翁墩，裕安固镇、罗集，霍邱孟集、城西湖，寿县保义、炎刘等地；在固始，主要分布在水稻区和丘陵地区的黎集、陈集、张广、石佛、分水、泉河、蒋集、南大桥、郭陆滩、赵岗、七一、西大岗、马岗、胡族铺、杨集、城郊等地。

3. 产区的自然生态条件

六安市位于北纬31°01′～32°40′、东经115°20′～117°14′，地处安徽省西部，地势西南高峻、东北低平，呈梯形分布，形成山地、丘陵、平原三大自然区域，西部山地的平均海拔在400 m以上，最高海拔为1774 m；中部为丘陵，海拔一般在30～200 m；东部和北部为沿淮平原，海拔在7～12 m。年平均气温为17℃，最高气温为43.3℃，最低气温为−24.1℃；年无霜期为211～228 d；年降水量为900～1600 mm，年平均日照时数为1876～2004 h，属北亚热带湿润季风气候。

固始县地处北纬31°46′～32°35′、东经115°21′～115°55′，地势由西南向东北逐步下降，平均坡降1/1200，海拔最高为1025.6 m。气候温暖湿润，四季分明，属亚热带季风气候。年平均气温为15.2℃，历史记录最低气温为−11℃，最高气温为41.5℃；相对湿度为70%～80%；无霜期在3～11月，年平均为228 d；全年日照时数平均为2139 h；年降水量为900～1300 mm，平均为1066 mm。固始县河堰池塘星罗棋布，盛产鱼、虾，水草和塘堰稻田埂上的野生青绿饲料十分丰富，一年稻麦两熟，池塘遗稻遗麦和秕稻、麦麸等农副产品较多，为发展养鹅提供了优越的自然条件，故群众养鹅非常普遍。

产区内的农作物主要为水稻、小麦，其次为红薯、玉米、豆类、高粱、棉花、花生等。耕作制主要为稻麦两熟。饲料作物有谷物、薯类、油料作物及副产品，饲料资源十分丰富，对养鹅业发展十分有利。以固始县为例，全县河滩草地、池塘、水库、沼泽地达20多万亩，为皖西白鹅的放养提供了广阔的场地，每年稻、麦收后的茬地更是皖西白鹅放牧的理想场所。由于劳动人民历来重视选种选配和采用自然孵化方法繁殖鹅种，因此逐渐形成了皖西白鹅这一优良品种。

二、品种来源及数量

1. 品种来源

皖西白鹅是在当地特定的自然环境和社会经济条件下形成的优良鹅种，其形成历史较早，明嘉靖年间即有文字记载。《光山县志》中清朝乾隆年间就有"固鹅光鸭"的记载，"固鹅"便是皖西白鹅，产区历史上人少地多、交通闭塞，以自给经济为主，盛产稻、麦，河湖水草丰茂，丘陵草地广阔，放牧条件较为优越。当地群众素有选养大鹅和腌腊鹅的习惯，这对该品种的形成有重要的影响。皖西白鹅1981年首批列入《全国家禽品种志》，2000年被列入《国家级畜禽遗传资源保护名录》，并获得国家产地证明商标。

2. 调查概况

本次调查从2017年4月初开始，历时两个月对皖西白鹅进行了实地调查，调查步骤如下：①在学术刊物上检索有关皖西白鹅的文献资料；②在六安市和固始县查得20世纪80年代有关皖西白鹅的调查资料及近3年的存栏量报表，确定调查的地点；③在河南三高农牧股份有限公司对皖西白鹅的体尺数据进行测定，并拍摄照片；④针对1991年的普查结果，对皖西白鹅的分布进行调查，并对皖西白鹅产区重点调查。通过调查发现由于皖西白鹅受到当地政府和畜牧部门的重视和保护，皖西白鹅养殖已走上产业化的良性发展轨道，近年来饲养量趋于平稳。

3. 群体数量

1981年产区皖西白鹅的饲养量为480多万只，2002年出栏量为1800万只；2005年产区皖西白鹅的饲养量约为2000万只，其中安徽六安等地区的饲养量为1200万只左右，河南省信阳市等地区皖西白鹅的总饲养量达800万只，其中固始县的饲养量近492万只。2007年中心产区皖西白鹅的饲养量为1500多万只，2014年皖西地区皖西白鹅的饲养量为1175万只，2015年皖西白鹅的饲养量为1221万只，2017年抽样调查推算饲养量为1000万只；而在河南省固始县等地区皖西白鹅的数量基本保持在200万只左右。

三、体 形 外 貌

（1）体型特征

公鹅：体躯呈长方形，颈粗长呈弓形；胸深广而突出，背宽而较平；尾部上翘，腿短粗、强壮有力；全身各部比例匀称，体质结实紧凑，步态稳健，体姿雄伟；体形高大雄壮，叫声洪亮。

母鹅：体形较公鹅略娇小，性情温驯，叫声低而粗；嘴扁阔，颈细长、向前似弓形，胸深广而突出，背宽而较平。在产蛋期间腹部有一条明显的皱褶（俗称蛋包），高产鹅的皱褶大而接近地面。

（2）头部特征

公鹅（图18.1左）：头形方圆，大小适中而高昂，前额有橘黄色光滑肉瘤，肉瘤大、颜色深；眼大有神，眼睑为淡黄色；喙较宽长。

母鹅（图18.1右）：头近方圆形，大小适中而高昂，前端有圆而光滑的肉瘤，肉瘤较小而颜色较淡，嘴扁阔，颈细长、向前似弓形。

扫码见彩图

图 18.1　皖西白鹅公鹅（左）和皖西白鹅母鹅（右）
（调查组拍摄）

成年鹅：少数鹅的头颈交界处有一撮突出的绒球状颈毛，外观似麻雀蛋大小的绒球状，俗称"凤头鹅"；还有少数额下有一带状肉垂，俗称"牛鹅"。

（3）羽毛特征

成年公、母鹅：外观体色雪白，但少数鹅的副翼羽有几根灰羽，多数鹅为纯白色，全身羽毛紧贴，眼角或头后部有小块褐斑。

雏鹅：绒毛颜色为淡黄色，羽速为快羽。

（4）肉色、肤色等特征

肉色呈红色，成年鹅的肤色为粉白色，喙、肉瘤、趾、胫、蹼均为橘黄色，喙端颜色较淡，喙豆粉色，爪呈白色，遗传性能稳定。

四、体尺、体重

调查组对不同年份成年皖西白鹅的体尺、体重测定结果做了比较，结果如表 18.1 所示。

表 18.1 成年皖西白鹅不同年份的体尺、体重测定结果

调查项目	1980 年		2006 年		2014 年	
	公	母	公	母	公	母
调查数 / 只	16	25	30	30	30	30
年龄	12 月龄	12 月龄	300 日龄	300 日龄	10 周龄	10 周龄
体重 /kg	5.5±0.24	4.5±0.50	6.45±0.34	5.4±0.32	3.5±0.29	2.9±0.28
体斜长 /cm	34.5±1.90	32.4±2.04	39.0±2.43	37±2.41	28.6±1.46	27.1±1.75
胸宽 /cm	12.6±1.73	11.33±0.95	13.5±0.68	12.8±0.65	9.8±0.67	9.5±0.55
胸深 /cm	11.8±1.26	10.6±1.30	13.0±0.66	11.9±0.61	7.1±0.65	6.9±0.58
龙骨长 /cm	17.0±1.13	16.0±0.78	18.7±0.92	18.2±0.93	15.5±1.09	14.0±1.02
骨盆宽 /cm	9.75±0.80	9.7±1.26	11.3±0.57	13.0±0.65	—	—
胫长 /cm	9.88±0.69	9.0±0.56	11.9±0.61	10.5±0.52	10.0±0.19	9.3±0.42
胫围 /cm	—	—	6.0±0.30	5.5±0.02	5.4±0.31	5.1±0.25
半潜水长 /cm	—	—	71.0±3.52	60.5±2.98	45.7±1.33	41.5±1.82
颈长 /cm	35.1±2.11	30.3±3.20	39.7±1.84	35.3±1.67	—	—

资料来源：2006 年的数据来源于范佳英（2009），范佳英和王恩杰（2013）；1980 年的数据来源于谢彤云（1983）；2014 年的数据来源于王健等（2014）

五、生产与繁殖性能

1. 肉用性能

皖西白鹅生长速度很快，出壳重为 100 g 左右，30 日龄体重为 1.4～1.6 kg，60 日龄为 3.0～3.5 kg，90 日龄公鹅为 4.8～5.5 kg、母鹅为 3.8～5.5 kg，120 d 即可达成年体重，公鹅可达 6.0～7.0 kg，母鹅可达 5.0～6.0 kg。

皖西白鹅屠宰性能较好，经 300 日龄屠宰性能测定显示：公鹅的平均屠宰率为 86%，半净膛率为 81.14%，全净膛率为 74.65%；母鹅的平均屠宰率为 85%，半净膛率为 79.05%，全净膛率为 69%。皖西白鹅的屠宰性能测定结果见表 18.2。

表 18.2　皖西白鹅的屠宰性能测定结果

调查项目	2006 年		1980 年	
	公	母	公	母
数量 / 只	30	30	3	3
日龄	300	300	日龄不详	日龄不详
活重 /kg	6.47±0.32	5.49±0.35	4.93	4.37
屠宰重 /kg	5.57±0.47	4.68±0.29	4.27	3.83
半净膛重 /kg	5.25±0.26	4.34±0.32	—	—
半净膛率 /%	81.14±0.23	79.05±0.28	—	—
全净膛重 /kg	4.83±0.24	3.81±0.25	3.29	2.99
腹脂重 /kg	0.31±0.02	0.15±0.03	—	—
腿肌重 /kg	0.36±0.02	0.25±0.02	—	—
胸肌重 /kg	0.32±0.05	0.19±0.03	—	—
肝重 /kg	0.10±0.02	0.08±0.02	—	—

资料来源：2006 年的数据来源于范佳英（2009），范佳英和王恩杰（2013）；1980 年的数据来源于谢彤云（1983）

2. 蛋品质量

皖西白鹅的产蛋性能较低。在一般粗放的饲养管理条件下，年产蛋 24～26 枚，个别高产鹅可达 70 枚。一年产两茬蛋，头茬在 2～3 月，产 14～16 枚；第二茬在 5～6 月，产 9～14 枚。饲养管理条件不同，产蛋量也有较大的差别。例如，某农场有一个职工养鹅，由于放牧条件好，平时注意饲料多样搭配，两只母鹅第一个产蛋年共产蛋 174 枚，平均 87 枚。另外，产蛋量与饲养选择性也有关系。例如，黎集乡的一户农民，由于注意选择高产鹅，年平均产蛋 70 枚，而且这户农民所在的村所养的鹅也都是高产鹅。

皖西白鹅的蛋品质量测定结果见表 18.3。

表 18.3　皖西白鹅的蛋品质量测定结果

调查项目	2006 年	1980 年
数量 / 枚	100	17
蛋重 /g	162.01±11.61	145.4（130～160）
比重	1.12±0.01	—
纵径长 /cm	8.63±0.31	8.06（7.5～8.3）
横径长 /cm	5.78±0.16	5.36（5.0～5.6）
蛋形指数	1.49	1.50

续表

调查项目		2006 年	1980 年
蛋壳厚度	钝端 /mm	0.48±0.04	—
	中间 /mm	0.53±0.04	—
	锐端 /mm	0.53±0.07	—
蛋壳重量 /g		19.99±1.68	—
蛋黄重量 /g		61.97±7.30	—
蛋壳重占总重百分比 /%		12.34	—
蛋黄重占总重百分比 /%		38.25	—
蛋白重占总重百分比 /%		49.41	—
蛋黄颜色 / 级		4.55±1.01	—
蛋白高度 /cm		1.10±0.08	—
哈氏单位		86.61±4.63	—

资料来源：2006 年的数据参见范佳英（2009），范佳英和黄炎坤（2009）；1980 年的数据来源于谢彤云（1983）

3. 繁殖性能

在粗放饲养条件下，皖西白鹅性成熟较晚，头茬和二茬鹅大都在 190～210 日龄性成熟。公鹅在 150 日龄左右，即有爬跨母鹅的行为。性成熟的早晚与饲养管理条件好坏有直接关系。饲养条件好的，如补饲量足、常喂多样搭配的饲料、群小、圈舍干暖者，160～170 日龄即可开产，反之，个别的会延长到 1 年以上才开始产蛋。

公、母比例一般为 1∶3，群众把这种 1 只公鹅配 3 只母鹅的公母比例称为"一架鹅"。种公鹅大多可以利用 2～3 年，个别优秀的也可留养 4 年；母鹅大多留养 3～5 年。近几年也有年年清的，即公鹅仅饲养第一个产蛋年后就淘汰。种蛋受精率平均为 90% 左右，出雏率为 80% 左右。

皖西白鹅的初产蛋重为 115 g，平均蛋重为 162.01 g，种蛋受精率为 85%～92.2%。受精蛋孵化率为 80%～90%。产区一般采取自然抱孵，每窝入孵种蛋 14～16 枚。近年来也有采用人工孵化的，但使用较少。皖西白鹅的繁殖性能测定结果见表 18.4。

表 18.4　皖西白鹅的繁殖性能测定结果

调查项目	2006 年	1980 年
种禽数量 / 只	30	不详
开产日龄	185.5±15.20	190～210
种蛋受精率 /%	90.2±2.35	90
种蛋合格率 /%	90±4.20	—
受精蛋孵化率 /%	82.5±4.35	80
入舍母鹅产蛋数 / 枚	28.5±5.85	—
母鹅饲养日产蛋数 / 枚	30.5±3.20	—
蛋重 /g	162.01±11.61	145.4（140～160）
就巢性 /%	100	100

注：入舍母禽产蛋数的统计时间为 6 个月，母禽饲养日产蛋数的统计时间为一年

表 18.4 的结果表明，皖西白鹅就巢性强，产蛋性能相对较低。与 1980 年相比，皖西白鹅的开产日龄由 210 d 缩短至 2006 年的 185.5 d；平均蛋重由 145.4 g 提高至 2006 年的 162.01 g，增长率达 11.42%；种蛋受精率由 90% 提高至 90.2%；受精蛋孵化率由 80% 提高至 82.5%；产蛋性能略有提高。今后可考虑引进产蛋性能好的品种鹅与之杂交培育高产系，不断提高皖西白鹅的繁殖性能。

4. 产羽绒性能

我国是世界上的羽绒生产和出口大国，羽绒产量占世界总产量的 75%。活拔羽绒技术是在不影响产肉、产蛋性能的前提下，以拔取鸭、鹅活体的羽绒来提高经济效益的一种生产技术。皖西白鹅羽绒洁白、产羽绒性能好，该品种对活拔羽的耐受力较强，所以生产中可充分利用皖西白鹅的这个优良特性以提高养鹅经济效益。

皖西白鹅羽绒的产量和质量均很优秀，羽绒洁白，尤其以绒朵大而著称。采用活体拔羽方法，养 8 个月的鹅可采绒三次，分别为 110 d、150 d、190 d 时，三次一共采 250 g 羽绒，其中纯绒重 30～40 g。

雏鹅出壳后 20 d 左右即将黄绿绒毛换为小白毛，120 d 左右换成大白毛。成年鹅每年换羽一次，时间多在 7～8 月，少数鹅也有 6 月换羽的，这种鹅一般产蛋较少。皖西白鹅毛片大、毛绒丰厚，含绒率高达 20%～25%，经济价值高。

六、饲养管理

1. 皖西白鹅的饲养现状

皖西白鹅的适应性强，可圈养、也可放牧饲养，在自然放牧情况下，依靠当地丰富的水草资源就能够正常生长发育。当地群众历来有采用"站鹅"方法对当

年仔鹅进行育肥的习惯，即入秋后用糠、红薯或大米等富含碳水化合物的饲料煮热放凉后饲喂，催肥 30 d 左右，体重增加 30%～40%，可达 8～9 kg，体脂迅速增加，肉质细嫩鲜美。皖西白鹅一般很少防疫，近年来没有发生过如小鹅瘟、禽流感等烈性传染病。

2. 雏鹅的饲养管理

（1）潮口和开食

雏鹅以出壳后 24～30 h 开食为宜，但要结合雏鹅的动态灵活掌握。可用手试探，雏鹅伸颈张嘴、有啄食欲望时，即可开食。开食前应先饮水，称为"潮口"。潮口时把雏鹅嘴浸入水中，让其喝少量水，只要个别鹅到饮水器饮水，其他的鹅也会陆续学着饮水。潮口后即可喂料，第一次喂料称为"开食"，一般用黏性小的籼米饭，喂时一定要用清水淋过，使饭粒松散，吃时不黏嘴。如再搭配一些切成细长状的青菜叶或嫩草叶，撒在塑料布或硬纸板上更能引诱雏鹅啄食。

（2）饲喂次数和方法

育雏阶段要根据少食多餐的原则，在 1 周龄内，一般每天喂 6～9 次。到 4 日龄后鹅体内的蛋黄逐渐被吸收，体重较轻，俗称"收身"，这时消化力和采食力都加强，再无卵黄的营养来源，因此可增加饲喂次数，同时可逐步换成配合饲料。

（3）雏鹅的饲料

育雏前期精饲料和青饲料的比例为 1∶2，以后逐渐增加青饲料的比例，10 d后比例为 1∶4，青饲料可用嫩青草、菜叶。

（4）放牧与放水

春季育雏，5 日龄起就可开始放牧锻炼，选择晴朗无风的天气，待饲喂后放到育雏室附近平坦避风的嫩草地上活动，让其自由采食青草。放牧时间要短，以后慢慢延长。1 周龄后，在气温适宜时，放牧中可以结合放水，把小鹅赶到浅水处让其自由下水、游泳，切不可强迫赶入水中，以防受凉。放牧的时间和距离随日龄的增长而增加，以锻炼小鹅的体质，培养觅食能力，逐渐过渡到以放牧为主，减少精饲料的补饲，降低成本。

（5）卫生防疫

雏鹅的抵抗力比较弱，一定要做好清洁卫生工作。饲料要新鲜卫生，饮水要清洁，勤打扫场地，保持清洁干燥，饲槽、饮水器每天清洗。要按照规定的免疫程序，做好雏鹅的免疫接种。

3. 中鹅的饲养管理

中鹅是指 4 周龄以上到转入育肥前的青年鹅。中鹅的觅食力、消化力、抗病力都已大大提高，对外界环境的适应力很强，是肌肉、骨骼和羽毛的迅速生长阶段。其间食量大、耐粗饲，以放牧为主才能最大限度地把青草转为鹅产品，同时适当补饲一些精饲料，满足鹅快速生长的需求。

4. 育肥鹅的饲养管理

中鹅养至主翼羽长出（9～10周龄）以后，转入育肥期。以放牧为主饲养的中鹅架子大，但胸部肌肉不丰满，膘度不够，出肉率低，稍带有青草味。因此，需经过短期育肥，达到改善肉质、增加肥度、提高产肉量的目的。

育肥鹅的方法主要有以下两种。

（1）放牧育肥法

豫南农村采用较为广泛，主要利用收割后茬地残留的麦粒和残稻株落谷进行育肥。放牧育肥必须充分掌握当地农作物的收割季节，预先育雏，制订好放牧育肥的计划。待茬地放牧结束时群鹅也已育肥，即可尽快出售。

（2）舍饲育肥法

舍饲育肥法比较适合专业户和贩销者进行短期育肥。在光线暗淡的育肥舍内进行，限制鹅的活动，喂给含有丰富碳水化合物的谷实，每天喂3～4次，使鹅体内的脂肪迅速沉积，同时供给充足的饮水，增进食欲，帮助消化，经过半个月左右即可上市或屠宰加工。

5. 后备种鹅的饲养管理

（1）生长阶段（选留以后至120 d）

留作种用的青年鹅在80 d左右开始第一次换羽，一般母鹅的换羽日龄较早，公鹅稍迟，经30～40 d方能换羽完毕。这个阶段的青年鹅仍处在生长发育期，由于换羽需要较多的营养，不宜过早粗饲，应根据放牧场地的草质优劣情况，逐步降低饲料的营养浓度，使青年鹅发育完全，才能顺利进入控制饲养阶段。

（2）控制饲养阶段

后备种母鹅经第一次换羽后，如供给足够的饲料，经50～60 d便可开始产蛋。但此时由于后备种鹅本身还未发育完全，新产的蛋不能达到种用标准，大群饲养时，常常出现个体间生长发育不整齐的现象，因而开产不一致，饲养管理十分不便，所以要采用限制饲养的方法来加以控制，使它们比较整齐一致地进入产蛋期。采用控制饲养的方法主要有：①减少喂料数量；②控制饲料质量，降低日粮的营养浓度。鹅以放牧为主，故大多采用后者。控制饲养一般从100～120日龄开始，在开产前50～60 d结束。

（3）恢复阶段

经控制饲养的种鹅，应在要求开产日期前60 d左右进入恢复阶段饲养。进入恢复期的种鹅，有的开始陆续换羽，为了换羽整齐、节省饲料，应进行人工拔羽，拔羽时间应在种鹅体质恢复后，而羽毛未开始掉落前。人工拔羽应在晴天进行，拔羽时把主副翼羽及尾羽全部拔光。拔羽后应加强饲养管理，提高饲料质量，饲料中含粗蛋白 12%～14%。公鹅的拔羽期应比母鹅提早两周。

（4）产蛋前期

产蛋前期种鹅饲养管理包括两种情况：一种是后备种鹅经过以放牧为主的限制饲养；另一种是 2 年以上的种鹅经过休产期，鹅群的体质都较差。要求在鹅群产蛋前 1 个月就应开始补饲精饲料，每天喂 2～3 次，使鹅群的体质迅速恢复，适当提高体重，为产蛋积累营养物质。配合饲料，除增加谷物类、饼类饲料外，还要适当补加沙砾和贝壳等。

种公鹅的精饲料补饲工作应提前两周开始，促使其提前换羽，以便在母鹅开产前公鹅就有充沛的精力进行配种，从而提高种蛋的受精率。

（5）产蛋期

1）饲料配制：母鹅进入产蛋期后，应提高饲料质量。配制饲料应充分考虑母鹅产蛋所需的营养，尽可能按饲养标准配制。特别是蛋白质、维生素和无机盐饲料均不能缺少。在产蛋高峰期，饲料中添加 0.1% 的蛋氨酸，可提高种鹅的产蛋率。

2）配种管理：为了提高种蛋的受精率，除考虑种鹅的营养需要外，还必须注意公鹅的健康状况和公母比例。鹅的自然交配多在水上进行，掌握鹅的下水规律，使鹅能得到交配的机会，这是提高受精率的关键。要求种鹅每天有规律地下水 3～4 次。

3）产蛋管理：母鹅的产蛋时间大多数在下半夜至次日上午 10 点以前。因此，产蛋母鹅上午不要外出放牧，可在舍前的运动场上自由活动，待产蛋结束后再外出放牧。产蛋鹅的放牧地点应选择在鹅舍附近，便于母鹅产蛋时及时回舍，以免在野外产蛋。鹅产蛋有择窝的习性，形成习惯后不易改变。每天应捡蛋 4～6 次，及时将鹅蛋收集起来，以免污染。

七、科 研 进 展

1. 研究工作

截至 2017 年 12 月，皖西白鹅的研究工作主要有以下几个方面：①皖西白鹅分子遗传多样性及种群遗传特征分析；②皖西白鹅重要性状相关遗传特性研究；③皖西白鹅遗传多样性微卫星标记分析研究；④皖西白鹅功能基因表达分析研究；⑤生长期饲料能量蛋白质水平及日粮中不同添加成分对生长、繁殖、屠宰性能及血液生化指标的影响研究；⑥皖西白鹅与其他鹅种杂交生长性能比较及杂种优势分析；⑦皖西白鹅肉脂特性研究等。

2. 保种场建设

在河南，自 1986 年皖西白鹅被列入《河南省地方优良畜禽品种志》以来，该品种受到当地政府和畜牧部门的高度重视，并开展了一系列的保护与研究工作。20 世纪 80 年代中期，商城县橡南水禽原种场曾引进过江苏太湖鹅与皖西白鹅进行杂交以提高产蛋量，但效果不是十分明显，其余地区主要进行保种选育和纯品种繁育。

近年来，固始三牧鹅业有限公司正尝试引进四川鹅对皖西白鹅进行改良，利用四川鹅的高产蛋基因，提高皖西白鹅的产蛋和繁殖性能，从而培育皖西白鹅高产系。

在安徽，六安市的金安区、寿县先后建立了两个省级以上的皖西白鹅原种场，纯种皖西白鹅种鹅存栏达 1.6 万只。金安区的皖西白鹅原种场创建于 1986 年，1987～1996 年开展了皖西白鹅群体选育，重点是品种特性；1997～2003 年，开展了人工孵化技术研究；2004 年皖西白鹅原种场和安徽农业大学联合对皖西白鹅进行提纯选育；2006 年开展了皖西白鹅开发利用和配套品系研究，建立了皖西白鹅家系繁育群 58 个计 1000 只、高产配套选育群 800 只、核心种鹅群 3000 只。2012 年，皖西白鹅原种场改制更名为安徽省皖西白鹅原种场有限公司，现为皖西白鹅唯一的国家级保种场，有职工 19 人，场区占地面积达 840 亩，拥有固定资产 2600 万元，建有标准化鹅舍 32 栋计 23 675 m²、陆地运动场 42 000 m²、泳池 80 000 m²、人工孵化厅 1080 m²、育雏舍 1500 m²、兽医实验室 120 m²、消毒室 130 m²、药品室 128 m²、饲料仓库 1900 m²、饲草地 240 亩。年存栏核心群祖代皖西白鹅种鹅 20 000 只，家系繁育群 83 组（1：4），后备种鹅 5000 只，年出售雏鹅苗 11 万只，年饲养商品鹅 10 000 只。该公司成立以来，一直从事皖西白鹅的选育、良种繁育，鹅用饲料阶段性配制，以及鹅业基础技术研究、示范和推广工作，先后承担实施了国家、省、市各级科技部门下达的星火计划、科技扶贫项目 16 项，开展了皖西白鹅选育、高产配套系选育、提纯复壮、人工机械孵化、鹅肥肝填饲、羽绒利用、疾病综合防治、鹅血综合开发利用、优质牧草种植等课题研究，取得了多项科技成果。

3. 保种措施

固始三牧鹅业有限公司于 2002 年 12 月制订了皖西白鹅选育方案，2003 年 5 月建成了皖西白鹅保种场，并开始对皖西白鹅进行保种和选育工作。皖西白鹅保种场 2002 年 12 月制订了皖西白鹅选育方案，在原种场内建立品种登记制度，进行品种登记；建立了皖西白鹅基础群，完成了零世代的组建并对零世代的主要性能进行测定，组建家系，繁殖一世代；开展了纯系繁育。20 世纪 80 年代中期，商城县豫南水禽原种场曾引进过江苏太湖鹅进行杂交以提高产蛋量，但效果不十分明显，目前保种工作主要是保种选育和纯种繁育。

安徽省依托两个皖西白鹅原种场在该品种的杂交选育、人工孵化、鹅肉及羽毛制品的开发等研究上取得了多项成果。其中，皖西白鹅高产蛋品系选育及推广应用取得初步成效，高产核心群年均产蛋量由 22 枚增加到 30 枚，获 2010 年度省科技进步二等奖；皖西白鹅的配套杂交与推广应用获 2008 年度省科技进步三等奖。皖西白鹅绒肉兼用型综合高效养殖技术研究通过省级鉴定；颁布了国家标准（皖西白鹅饲养管理相关的标准）1 项、地方标准 2 项。

八、评价与展望

1. 品种评估

皖西白鹅是产区劳动人民长期精心选育而成的一个地方良种，其体形较大、外貌雄壮美观、生长快、觅食力强、管理简单、育肥性较好，特别是适应性强、体质健壮、抗病力强、雏鹅育成率高，因此皖西白鹅是很有发展前途的地方良种。建议在产区建立繁殖基地和良种选育场加强选育工作，重点是提高早熟性和产蛋性能，育成具有较高生产性能的优良鹅种。

2. 展望

根据皖西白鹅的利用现状分析，其产业发展具有以下优势。①饲养历史悠久，品种资源优秀。据记载，"固始白鹅"早在 20 世纪七八十年代就列入《河南省家禽品种志》中。②养殖基础良好，规模化养殖场多。目前，固始县"固始白鹅"养殖基地乡镇已发展到 12 个、龙头企业 1 个，主要从事固始皖西白鹅原种鹅的选育、保种、孵化和饲料加工，该县现有 2000 只规模的大型种鹅场6 个；100 只以上的饲养户达 2000 多户，饲养量突破 120 万只。当地相关机构还通过集资成立了牧源实业公司，作为皖西白鹅开发的龙头企业，该公司拥有种鹅场、孵化厂及相应的服务行业。全县目前皖西白鹅的养殖量稳定在 200 多万只。③皖西白鹅产品市场认同度得到提高。近年来河南省固始县依托当地优势畜牧资源，大力发展绿色特色畜牧业，走规模化、产业化、标准化的发展道路，取得显著成效，如今在北京、上海、南京、武汉等大城市，皖西白鹅产品的知名度越来越高，成为许多消费者的首选。

安徽省先后在六安市的金安区、寿县建立了两个省级以上的皖西白鹅原种场，纯种皖西白鹅种鹅存栏达 1.6 万只。同时，在全省 90 多个乡镇建立了一批规模在 2000 只以上的养鹅基地。六安是安徽皖西白鹅养殖加工的主产市，饲养量维持在 1200 万只左右（其中皖西白鹅 800 万只，白罗曼、朗德鹅、霍尔多巴吉、川白鹅等 400 万只），以金安区、裕安区、霍邱县 3 个县区为重点的皖西白鹅生产格局已经形成，以金安区东桥镇、翁墩乡，裕安区固镇县、罗集乡，霍邱县孟集乡、城西湖乡等 20 多个乡镇为重点的养鹅基地已初具规模，全市规模化养鹅的比例达到 50% 以上。

安徽皖西白鹅产业功能分区明显，形成了以六安金安区、寿县、霍邱、巢湖、庐江、无为为主的白鹅扩繁区，年孵化水禽 2 亿羽以上，六安在固镇、罗集、金安东桥、翁墩，霍邱孟集、城西湖，寿县保义、炎刘等 30 多个乡镇建立了一批大型养鹅基地。据统计，2016 年仅六安裕安区的罗集、江家店、丁集、徐集、单王、顺河集共 6 个乡镇就有 256 个皖西白鹅散养户，年饲养种鹅 17 651 只；规模养殖场有 44 个，年饲养种鹅 55 568 只。

皖西白鹅早期生长速度快，90 日龄体重能达到 4.5 kg 左右，肉质细嫩鲜美，风味独特，一直是产区及其周边人民喜爱的传统佳肴。据调查，仅固始县年消费量就在 60 万只左右。随着人民生活水平的提高，对畜产品的质量要求越来越高，皖西白鹅不但肉质优、风味佳，且抗病力强，以鲜草为主要饲料，肉中的农药、抗生素、重金属等有毒有害物质含量很低，最适应市场消费，尤其能迎合鹅肉消费量逐年上升的趋势。皖西白鹅的市场需求不断提高，具有良好的发展前景。

参 考 文 献

白海臣. 2012. 皖西白鹅毛囊发育规律及羽绒再生调节关键基因分析 ［D］. 合肥：安徽农业大学硕士学位论文.

陈双梅. 2013. 香辛料对皖西白鹅腌肉理化特性影响及腌制工艺优化 ［D］. 合肥：安徽农业大学硕士学位论文.

陈伟生. 2005. 畜禽遗传资源调查技术手册 ［M］. 北京：中国农业出版社.

陈兴勇. 2005. 皖西白鹅催乳素基因（*PRL*）编码区序列克隆及多态性分析的研究 ［D］. 合肥：安徽农业大学硕士学位论文.

陈兴勇，谢珊珊，周丽，等. 2013. 皖西白鹅换羽前后基因表达谱差异分析 ［J］. 畜牧兽医学报，7：1030-1036.

陈兴勇，赵宁，张燕，等. 2017. 皖西白鹅育肥期肌肉脂肪酸组成及肝 *PPARα*、*FADS2* 和 *ME1* 基因表达规律的研究 ［J］. 畜牧兽医学报，（10）：1912-1919.

范佳英. 2009. 固始白鹅品种资源调查及体尺性状与微卫星 DNA 标记相关分析 ［D］. 郑州：

河南农业大学硕士学位论文.

范佳英, 黄炎坤. 2009. 固始鹅蛋壳质量性状分析 [J]. 中国畜牧兽医, 36 (6): 182-183.

范佳英, 孙桂荣, 康相涛, 等. 2009. 固始白鹅遗传多样性微卫星标记分析 [J]. 安徽农业科学, 37 (34): 16773-16774.

范佳英, 孙桂荣, 康相涛, 等. 2010. 固始白鹅体尺性状卫星 DNA 标记的筛选 [J]. 西北农林科技大学学报 (自然科学版), (2): 19-24.

范佳英, 王恩杰. 2013. 固始白鹅体重和体尺性状的测定与分析 [A] // 中国畜牧兽医学会家禽学分会第九次代表会议暨第十六次全国家禽学术讨论会论文集 [C]. 扬州: 175.

方弟安. 2005. 皖西白鹅就巢的内分泌机制及其调控的研究 [D]. 合肥: 安徽农业大学硕士学位论文.

方弟安, 耿照玉, 罗朝晖, 等. 2009. 皖西白鹅生殖周期中 PRL、E2、LH 和 P4 变化规律的研究 [J]. 上饶师范学院学报, 3: 71-76.

耿照玉, 陈兴勇, 姜润深, 等. 2007. 皖西白鹅催乳素基因 *Exon2* 克隆及多态性研究 [J]. 畜牧兽医学报, 6: 533-536.

韩占兵, 陈理盾. 2005. 如何进行固始白鹅种鹅的选留 [J]. 河南畜牧兽医, 26 (9): 20-21.

何世宝. 2008. 皖西白鹅生产现状及产业化发展策略 [D]. 合肥: 安徽农业大学硕士学位论文.

洪传贵, 崔世新. 2000. 固始白鹅饲养管理技术要点 [J]. 河南畜牧兽医, (8): 16-17.

花雯. 2013. Kisspeptin/NKB 在皖西白鹅生殖轴上的表达及其与性腺激素关系研究 [D]. 合肥: 安徽农业大学硕士学位论文.

花雯, 刘亚杰, 蒋书东, 等. 2013. Kisspeptin 在青春期雌性皖西白鹅下丘脑和垂体的定位 [J]. 中国农业大学学报, 2: 137-141.

黄炎坤. 2003. 水禽学 [M]. 郑州: 中原农民出版社.

孔亮, 宋毅. 2013. 中国畜牧业年鉴 [M]. 北京: 中国农业出版社.

李福宝, 方富贵, 李梅清, 等. 2007. Ghrelin 在成年皖西白鹅小肠内的免疫组化定位研究 [J]. 畜牧兽医学报, 2: 206-208.

李梅清. 2007. 蛋氨酸锌对皖西白鹅生殖性能的影响及机理研究 [D]. 合肥: 安徽农业大学硕士学位论文.

李瑞雪, 汪泰初, 孟庆杰, 等. 2015. 添食桑叶粉对皖西白鹅生长和屠宰性能及肉质的影响 [J]. 蚕业科学, 3: 542-547.

李瑞雪, 夏伦志, 汪泰初, 等. 2016. 桑叶粉对皖西白鹅生长和屠宰性能及血液生化指标的影响 [J]. 中国畜牧杂志, 17: 54-59.

刘健, 黄炎坤, 王清括. 2007. 固始白鹅利用现状与发展探讨 [J]. 水禽世界, (1): 32-34.

刘亚杰. 2013. 血管活性肠肽在不同生理时期皖西白鹅生殖轴上的表达研究 [D]. 合肥: 安徽农业大学硕士学位论文.

吕锦芳, 牛峰, 叶青, 等. 2016. 皖西白鹅胚胎中、后期部分内脏器官发育性变化 [J]. 安徽科技学院学报，（6）：17-20.

马兆臣．2007．维生素 E 和硒对皖西白鹅繁殖性能和生殖免疫的影响［D］．合肥：安徽农业大学硕士学位论文．

田亚东，康相涛．2007．河南省家禽种质资源的保护、开发与利用［J］．河南农业科学，（7）：100-104．

王春燕，张伟．2017．安徽皖西白鹅产业发展现状与存在问题及对策建议［J］．当代畜牧，（6）：86-89．

王惠影，姜涛，刘毅，等．2015．皖西白鹅与罗曼鹅生长差异性比较［J］．中国家禽，（6）：49-50．

王健，段修军，董飚，等．2014．皖西白鹅和四川白鹅早期生长发育规律研究［J］．西南农业学报，27（1）：419-422．

王志耕，吴广全，李绍全，等．2002．皖西白鹅肉脂特性研究［J］．畜牧兽医学报，4：332-335．

吴胜利．2015．不同能量蛋白水平对5～8周龄雌性罗曼鹅和皖西白鹅生产性能和营养代谢的影响［D］．扬州：扬州大学硕士学位论文．

谢彤云．1983．河南省地方优良畜禽品种志［M］．郑州：河南科学技术出版社．

徐桂芳，陈宽维．2003．中国家禽地方品种资源图谱［M］．北京：中国农业出版社．

徐前明，彭克森，张学道，等．2007．朗德鹅与皖西白鹅肌肉品质比较研究［J］．安徽农业科学，（21）：6445-6446．

殷海成．2006．固始白鹅生长期饲料能量蛋白水平研究［J］．当代畜牧，（12）：24-26．

张斌，胡建新，张璐璐．2008．固始白鹅遗传资源特性与产业化开发利用［J］．中国畜禽种业，（5）：32-33．

郑智勇．2008．皖西白鹅肝脏和肌肉生长调节机制及与朗德鹅的比较研究［D］．合肥：安徽农业大学硕士学位论文．

周金星，靳二辉，王祝华，等．皖西白鹅胸腹部皮肤毛囊组织结构及其Caspase-3蛋白分布的观察［J］．中国兽医科学，3：374-379．

左瑞华，杨帆，夏伦斌，等．2016．霍尔多巴吉鹅与皖西白鹅杂交的试验研究［J］．畜牧与饲料科学，（4）：12-13，17．

调查人：吴海港、韩瑞丽、刘锦妮、赵金辉
当地畜牧工作人员：魏锟
主要审稿人：赵云焕